畅销
升级版

索尼微单摄影

从新手到高手

曹照 编著

U0369261

中国青年出版社
CHINA YOUTH PRESS

中青雄狮

律师声明

北京市中友律师事务所李苗苗律师代表中国青年出版社郑重声明：本书由著作权人授权中国青年出版社独家出版发行。未经版权所有人和中国青年出版社书面许可，任何组织机构、个人不得以任何形式擅自复制、改编或传播本书全部或部分内容。凡有侵权行为，必须承担法律责任。中国青年出版社将配合版权执法机关大力打击盗印、盗版等任何形式的侵权行为。敬请广大读者协助举报，对经查实的侵权案件给予举报人重奖。

侵权举报电话

全国"扫黄打非"工作小组办公室   中国青年出版社

010-65233456 65212870   010-59521012

http://www.shdf.gov.cn   E-mail: editor@cypmedia.com

图书在版编目（CIP）数据

索尼微单摄影从新手到高手：畅销升级版 / 曹照编著. —北京：中国青年出版社，2014.9

ISBN 978-7-5153-2772-3

I.①索… II.①曹… III.①数字照相机－单镜头反光照相机－摄影技术 IV.①TB86②J41

中国版本图书馆CIP数据核字（2014）第214103号

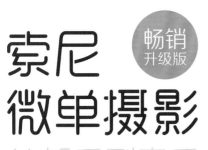

曹照 编著

出版发行：中国青年出版社

地   址：北京市东四十二条21号

邮政编码：100708

电   话：(010) 59521188 / 59521189

传   真：(010) 59521111

企   划：北京中青雄狮数码传媒科技有限公司

责任编辑：林 杉

助理编辑：王莉莉

书籍设计：六面体书籍设计

           姜懿针苏 孙素锦

封面摄影：周洪亮

印   刷：北京博海升彩色印刷有限公司

开   本：787×1092 1/16 印张：17

版   次：2014年12月北京第1版

印   次：2016年5月第5次印刷

书   号：ISBN 978-7-5153-2772-3

定   价：69.00元

本书如有印装质量等问题，请与本社联系

电话：(010) 59521188 / 59521189

读者来信：reader@cypmedia.com

投稿邮箱：author@cypmedia.com

如有其他问题请访问我们的网站：http://www.cypmedia.com

"北京北大方正电子有限公司"授权本书使用如下方正字体。

封面：方正中倩简体 方正正黑简体 方正正纤黑简体 方正中黑简体

序言

Preface

微单相机既具备卡片机轻巧时尚的优势,又能像数码单反相机一样更换镜头,拍摄高画质画面。其小巧的外观、高品质的画质、多样化的功能、时尚的造型,以及较数码单反相机低廉的价格,使其受到了众人的追捧。索尼微单相机的发展异常迅猛,实现了从NEX系列到α系列的跃进。目前在售的各机型功能各有千秋,既有适用于大众的α5000,满足摄影爱好者需求的NEX-5T、α6000,也有针对专业人士的α7系列,满足了不同人群对拍摄的需求。

随着索尼微单系列相机产品线的日益丰富,其专业的操作系统及不断扩充的镜头群使其更具系统性,同时形成了一套越来越庞杂的知识体系。因此,人们迫切需要有一些专业的参考书来指导相机操作,以便快速入门。本书就是专为使用索尼微单系列相机的人群量身定做的。

本书作为一本工具书,旨在帮助读者学会使用相机、用好相机,使索尼微单相机的功能得到有效发挥,进而拍摄出好照片来。书中就索尼微单相机的特点及其操作方法进行了系统的分析和讲解,针对各个菜单功能,全程配以优秀的照片做示范,对菜单的设置步骤以及为什么这样设置也进行了详细说明。通过本书,读者将逐步学会使用索尼微单相机,掌握各个题材的拍摄方法,真正领略摄影的美妙之处,并能够根据所学进行有创造性的摄影创作,迅速地从一名摄影新手成长为一名摄影高手!

本书是畅销书《索尼NEX微单摄影从新手到高手》的最新升级版,针对NEX-5T、NEX-7、NEX-6、α5000、α6000、α7、α7R、α7S等机型进行讲解,使之更适合于索尼微单相机的广大用户。

赵楠、江湖大虾、靳明等摄影师为本书提供了大量优秀的摄影作品,模特杨小龙、胡玮玮、伊娜、圆圆、陈瑾、雨珊、孙凝、田洋、八喜、卢喻吟、佟欣等为本书付出了辛勤努力,特此鸣谢。

感谢唐山新视听(http://www.ttxst.com)对本书的大力支持!欢迎加入QQ群342972239(黑瞳摄影)与我们沟通交流。

编 者

目录

Contents

5

Part 02
索尼微单功能与操控

▶ Chapter 03
索尼微单相机各部件名称及菜单设置

▶ Chapter 04
索尼微单相机实际操控

Part 03
索尼微单配件
选购与使用

▶ Chapter 05
索尼微单相机的镜头体系

▶ Chapter 06
相机配件及摄影附件
使照片更完美

▶ Chapter 07
提升拍摄成功率的必备技巧

Part 04
拍摄时的构图及
光色表现技法

▶ Chapter 08
取景与构图提高拍摄水准

▶ Chapter 09
光线与色彩展现精彩世界

Part 05
索尼微单
实拍技巧

▶ Chapter 10
在旅途中拍摄风光

▶ Chapter 12
拍摄璀璨的夜景

▶ Chapter 11
拍摄人像与人文纪实

▶ Chapter 13
生活随拍

▶ Chapter 14
动态影像的拍摄

认识索尼
微单相机

Chapter 01

"微单"是索尼公司注册的商标，冠以"微单"机型的相机，被定位于一种介于数码单反相机和卡片机之间的跨界产品，其结构上最主要的特点是没有反光镜和棱镜。在本章，我们将对索尼微单相机的特点及主流机型进行介绍。此图使用具有2430万有效像素的α7拍摄，配合Vario-Tessar T* FE 24-70mm F4 ZA OSS蔡司镜头，启动自动HDR功能，令逆光下拍摄的雕像纹理层次丰富细腻。

机型：α7　镜头：Vario-Tessar T* FE 24-70mm F4 ZA OSS　快门速度：1/640秒
光圈：F8　感光度：500　焦距：24mm　白平衡：自动　曝光补偿：0EV

1.1 什么是微单相机

所谓微单相机，即微型单镜头相机。其采用无反光镜设计，使得机身可以像卡片机一样轻薄，同时保留了和数码单反相机一样大的传感器，画质可以媲美单反相机。微单相机是新兴的相机品种，既具有卡片机微小便携的特点，又如数码单反相机一样可更换镜头，可谓集两者之长于一身，一经问世，就受到广大摄影爱好者的追捧。各大相机厂商相继推出各有特点的产品，使其种类变得越来越丰富，推陈出新的速度很快。

索尼微单：α7S

微单相机可更换镜头

微单相机机身小巧便携

1.2 索尼微单相机的组成结构

机身：没有棱镜、反光镜结构，机身小巧时尚

镜头：与数码单反相机一样，可更换镜头

索尼微单相机结构示意图

感光元件：由于没有反光镜结构，镜头卡口到感光元件的距离缩短，可得到与数码单反相机相近的画质

索尼将"微单"相机定位为一种介于数码单反相机和卡片机之间的跨界产品。微单相机采用与数码单反相机相同规格的传感器，取消了数码单反相机上的光学取景器，没有棱镜与反光镜结构，大大缩短了镜头卡口到感光元件之间的距离，因此，既获得了比单反更小巧的机身，也保证了成像画质。

APS-C CMOS感光元件

BIONZ影像处理器

α7R采用镁合金外壳

1.3 索尼微单相机的特点 | 适用于全部机型 |

索尼是最先开发微单相机的厂商之一，NEX"奶昔"（NEX与奶昔的发音相近，是索尼相机用户对这个系列相机的昵称）系列造型轻巧，外观时尚，是微单相机的引领者，对微单相机的发展、壮大功不可没。例如，NEX-7作为一款定位于"专业摄影师的第二台相机"的微单，像素数量达到2430万，打破了人们对于微单相机仅适合中低端市场的固有印象，专用于微单相机的E镜头也保证了索尼微单相机优异的画质表现。索尼微单相机的特点主要体现在以下方面。

索尼NEX-7

■ 1.3.1 优良的电子取景器

索尼的电子取景器是把一块微型LCD放在取景器内部，由于有机身和眼罩的遮挡，外界光线照不到取景器上，也就不会对其显示造成不利影响，可以避免因开启液晶显示屏而过度消耗电量，从而起到延长拍摄时间和电池使用寿命的作用。由于电子取景器中显示的图像直接来自感光元件，因此可忠实地再现所记录的图像，且图像可以被放大，使拍摄者可以通过电子取景器准确地进行构图和对焦微调。除此之外，电子取景器还可以显示更多的数据和信息，有助于拍摄。

索尼FDA-EV1S电子取景器，具有236万像素，可进行的90°的角度调节

XGA OLED电子取景器，具有33.1°宽广的视角以及23.3mm眼距和100%视野率

索尼NEX-7采用XGA OLED电子取景器，在拍摄图像和取景时眼睛不需要离开取景器

■ 1.3.2 高分辨率使画质有保证

索尼微单相机采用Exmor CMOS感光元件，具有高分辨成像，拍摄的画面层次丰富，画质细腻，保证了优异的成像效果。

◀ 左图是用α7R拍摄的，画质细腻、色彩表现到位。画面清晰度、锐度及柔化效果的表现均十分优异

机型：α7R 镜头：Vario-Tessar T* FE 24-70mm F4 ZA OSS 快门速度：1/160秒 光圈：F5.6 感光度：400 焦距：24mm 白平衡：自动 曝光补偿：0EV

■1.3.3 丰富的镜头选择

索尼微单相机拥有专门配套使用的镜头——E卡口镜头群，焦段范围在10mm~200mm之间，有较大的可选范围。除此之外，索尼微单相机还允许使用索尼LA-EA2、LA-EA4卡口适配器，能够转接众多α镜头，可选范围大大拓展。

E卡口镜头群

使用LA-EA2卡口适配器连接微单机身与α镜头

安装LA-EA4卡口适配器的微单机身与α镜头

α卡口镜头群

◀ 左图采用长焦变焦镜头拍摄，虽然拍摄距离较远，也能得到主体突出的画面

📷 机型：NEX-5T 镜头：E 18-200mm F3.5-6.3 OSS LE 快门速度：1/125秒 光圈：F5.6 感光度：200 焦距：200mm 白平衡：自动 曝光补偿：0EV

▲ 拍摄者利用卡口适配器连接α变焦镜头拍摄，通过调整镜头焦距，很容易得到构图合理的照片

📷 机型：α5000 镜头：DT 55-300mm F4.5-5.6 SAM 快门速度：1/1000秒 光圈：F4 感光度：250 焦距：300mm 白平衡：自动 曝光补偿：0EV

▲ 拍摄者采用变焦镜头的广角端拍摄，结合仰视角度，表现出主体建筑的高大雄伟之势

📷 机型：NEX-7 镜头：E 10-18mm F4 OSS 快门速度：1/1800秒 光圈：F9 感光度：320 焦距：15mm 白平衡：自动 曝光补偿：0EV

1.4 索尼微单相机相关名词 | 适用于全部机型 |

相机的画幅、像素、视野率代表着相机的基本定位及其技术层面的表现，我们通过这些信息，即可对相机的性能有个初步了解。本节我们将对其所代表的含义及其在相机中的作用进行进一步介绍。

■ 1.4.1 相机画幅

所谓相机画幅，是指相机取景后图像的显影尺寸，即感光元件的尺寸。在相同条件下，感光元件尺寸越大则取景范围越大，图像越细腻。目前主流相机的画幅有三种：全画幅、APS-C画幅、4/3画幅。下面以列表形式对不同相机画幅中感光元件的特点进行介绍。

画幅	尺寸	特点	缺点
全画幅	35.9mm×24.0mm	常见于高端机型，多采用当前最新技术，在设计及功能方面表现卓越。其取景范围广，在安装全画幅镜头时，在相同的拍摄距离、焦距范围内，取景范围要远大于APS-C画幅相机，画质细腻	在使用广角镜头时，容易形成暗角
APS-C画幅	23.5mm×15.6mm	常见于中低端数码单反机型和微单机型。与APS-C卡口的镜头相配，在相同的拍摄距离、焦距范围内拍摄，能够比使用全画幅相机拍摄所得的主体影像大，画面主体突出	视野范围小于全画幅机型
4/3画幅	17mm×13mm	常见于微单机型，取景范围小于APS-C画幅	取景范围小

通过下面各图的对比，我们可发现，相机画幅越大，则取景范围越大，主体影像越小；相机的画幅越小，则取景范围越小，主体越突出。

不同画幅大小示意

全画幅相机取景范围最大，主体影像较小

APS-C画幅取景范围较小，主体影像较大

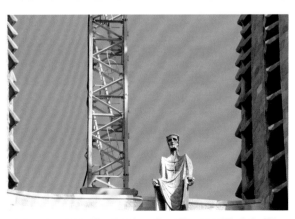

4/3画幅取景范围最小，主体影像最大

■ 1.4.2 感光元件

感光元件相当于胶片相机的胶片，目前索尼微单相机采用索尼Exmor CMOS（全画幅）和Exmor APS HD CMOS（APS-C画幅）感光元件。感光元件决定着拍摄后照片最终成像的画质表现，感光元件的尺寸、单位面积内像素的多少和其对光线的灵敏程度是判断感光元件性能的三大指标。

感光元件的尺寸

感光元件的长宽比多为3:2，其尺寸一般用感光元件的类型进行标示，如全画幅、APS-C画幅等。如果感光元件的像素数相同，则像素的尺寸越大，其性能与成像效果就越好。在同样尺寸下，感光元件单位面积内的像素数越多，则说明此感光元件的像素越多，画质越细腻。

CMOS：α6000采用APS-C画幅感光元件

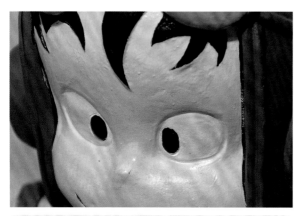

像素为1684×1124，色彩过渡自然，画质细腻

像素为170×113，色块边缘为锯齿状，画质粗糙

▲ 上面这组图是采用相同尺寸的感光元件、设置了不同像素数拍摄的。从图中可以看出，虽然画面的取景范围相同，但是由于像素数不同，画质表现也不同

感光元件对光线的灵敏程度

感光元件对光线的灵敏程度决定了相机在不同环境中的适应性，决定着照片在过暗或过亮环境中的表现。其灵敏范围越大，则所摄照片的明暗层次越丰富，越有利于再现特殊环境中的被摄体。

以低感光范围的感光元件拍摄，由于船底受光少，色感表现不好

以高感光范围的感光元件拍摄，景物色彩得到较好表现

▲ 从上面这组照片中可以看出，虽然拍摄环境和拍摄对象一致，但是由于相机所使用的感光元件不同，对景物色彩的还原能力不同，使画面中景物的表现也不同

1.4.3 像素

数码影像是由被称为"像素"的小点所组成的，像素是"图像元素"的简称。数码影像通常用影像中的像素数量表示。如一张数码照片的尺寸为6000×4000像素，这表示此特定影像有6000个垂直像素和4000个水平像素。数码相机内感光元件的像素数决定着能够摄取的最大影像尺寸。此外，相机的像素数越多，成像越细腻。如α7R相机的有效像素数为3640万，其成像品质及清晰度都达到了较高水平。

NEX-7以L尺寸所摄原图，像素为6000×4000

局部放大图像，层次依然丰富清晰

📷 机型：NEX-7　镜头：E 30mm F3.5 Macro　快门速度：1/320秒　光圈：F3.5　感光度：400　焦距：35mm　白平衡：自动　曝光补偿：0EV

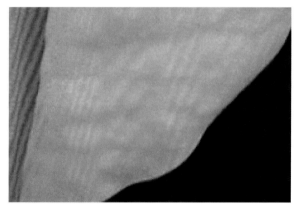

NEX-5C以S尺寸所摄原图，像素为2288×1520

局部放大图像，图像已变得模糊不清

▲ 通过对比上面两张原图及局部放大图可以看出，NEX-7所摄照片原始图像的像素数多，因此在裁切局部并放大后，图像的色彩层次依然丰富，图像清晰；而由于NEX-5C所摄照片原始图像的像素数较少，因此其图像在裁切并放大后变得不清晰，由此可见像素数量对画质的影响

📷 机型：NEX-5C　镜头：E 55-210mm F4.5-6.3 OSS ZA OSS　快门速度：1/60秒　光圈：F8　感光度：200　焦距：106mm　白平衡：自动　曝光补偿：0EV

下表为在产机型的有效像素数。

机型	α5000	NEX-5T	α6000	α7	α7R	α7S
有效像素	2010万	1610万	2430万	2430万	3640万	1220万

小常识：
有效像素数的英文名称为Effective Pixels，是指真正参与感光成像的像素值。数码相机在成像时，感光元件的边缘部分会因为光线的衍射而出现成像模糊的情况。为保证成像质量，感光元件中的这部分成像会被舍弃，所以感光元件不能100%被利用。而被利用起来的，即是得到最终图像的有效像素。

■1.4.4 液晶屏

索尼微单相机的液晶屏均为3.0英寸宽屏，Xtra Fine液晶屏的视野率均为100%。根据机型的不同，可从有效像素数、折叠角度、触摸屏等方面分类。其中，中高端机型的液晶屏有效像素数较高，而低端机型的有效像素数较低。各机型的液晶屏均可翻折，根据机型不同，翻折角度有所不同。另外，NEX-5T的液晶屏为触摸屏。

α6000的液晶屏最大可向上翻折约90°，向下翻折约45°，有效像素为144万

NEX-5T的液晶屏最大可向上翻折约180°，有效像素为92万

机型：NEX-5T　镜头：E PZ 16-50mm F3.5-5.6 OSS　快门速度：1/125秒　光圈：F9　感光度：320
焦距：17mm　白平衡：自动　曝光补偿：0EV

下表为在产机型液晶屏简要参数。

机型	可调角度	放大倍率
α5000	向上约180°	6.8～13.6
α6000	向上约90° 向下约45°	5.9～11.7
α7	同上	3.8～11.7
α7R	同上	4.7～14.4
α7S	同上	3.8～11.7
NEX-5T	触摸屏，180° 可翻折	4.8～9.6

◀ 在拍摄左图时，拍摄者利用液晶屏取景构图。将相机镜头对准穹顶对焦，同时将液晶屏向上翻折，调整至合适角度，使拍摄、观察两不误

■1.4.5 取景器

索尼目前新开发的微单相机均采用了彩色XGA OLED电子取景器，其优势主要体现在以下几个方面：实现参数设置显示、放大显示、微调手动对焦的峰值显示、实时虚化体现、照片回放等功能。电子取景器使拍摄更加接近所见即所得，例如，我们设置了相机的白平衡，在取景器中就会直接得到以该白平衡表现的效果。在亮度、色彩表现方面实现了与光学取景器相同的效果，可以在任何照明情况下，非常容易地查看被摄体。被摄体的每一个细节均会被如实地复制。此外，还可以根据需求调整取景器的亮度，以便满足室内外不同的拍摄需求。

在中高端机型中安装有电子取景器，如α7R。根据机型的不同，有些机型不具备电子取景器，如NEX-5T。

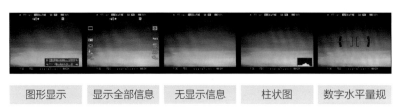

图形显示　显示全部信息　无显示信息　柱状图　数字水平量规

α7R的电子取景器提供5种不同的显示模式，满足多种构图需求

XGA OLED TruFinder电子取景器

■ 1.4.6　图像的存储格式

使用索尼微单相机时，拍摄后的图像需要以数字格式进行存储。一般来说，其存储格式有两种：JPEG和RAW。下面以表格形式进行说明，我们可根据需要来选择合适的图像存储格式。

RAW	原始图像数据，可在相机中或使用RAW图像查看软件查看。RAW图像是原始图像，影像信息丰富，可通过专用软件对其进行各种处理，不会损失图像细节，非常有利于图像的后期处理。RAW图像的不足之处是文件体积大，不便于管理，当用户对图像的要求较高时建议存储为RAW格式
JPEG	一种常见而灵活的图像格式，具有良好的兼容性，可用较少的磁盘空间得到较好的图像品质。JPEG是有损压缩格式，相机在拍摄完成、存储图像时，会对其进行有损压缩。如果用户对图像的要求不高，可采用此格式存储

为了使大家对不同格式文件体积的大小有一个直观的认识，下面将相同照片存储为不同格式的文件，以作对比。

JPEG格式图像，体积为5.6MB

RAW格式图像，体积为11MB

▲ 通过比对我们发现，即使存储为最佳图像品质，JPEG格式的图像文件体积依然较小，RAW格式的图像文件体积几乎是JPEG格式图像的两倍。了解到这一点，我们即可根据相机存储介质的容量和拍摄需求来选择与之相应的图像存储格式

■ 1.4.7　短片录制格式

索尼微单系列相机均支持短片录制，可录制多种电影格式，如AVCHD，50p。短片可在全自动模式下拍摄，也可利用电子取景器取景拍摄，让快速取景成为现实，真实还原拍摄场景。除此之外，拍摄者可利用索尼的清晰影像缩放技术实现约等于2.0倍光学变焦的效果，并可将录制画面放大显示，精确对焦，以捕捉精美的画面。在P、A、S、M模式下，拍摄者可手动控制画面曝光、调节对焦、控制背景的虚化程度。除此之外，拍摄者还可通过支架VCT-55LH连接麦克风、闪光灯或者夹式监视器CLM-V55（均需另购），使视频创作更显专业。另外，还可安装α卡口镜头进行录制。

在录制短片时，按下"动态影像按钮"可开始或停止短片录制

可通过卡口适配器连接α镜头，使视频录制有更多的选择

用支架VCT-55LH连接麦克风、闪光灯及夹式监视器CLM-V55的α7

1.5 索尼微单相机系列 | α5000/NEX-5T/α6000/α7/α7R/α7S/ NEX-6/NEX-7

索尼已经研发出多款微单机型，其微型、小巧、便携，还可以像数码单反相机一样更换镜头，并提供和单反相机同样的画质。在专业机中最时尚，在时尚机中最专业，是"微单"相机区别于单反相机及卡片式数码相机的独特之处。下面，我们将对新近面世的机型α5000、NEX-5T、α6000、α7、α7R、α7S，以及拥有广泛好评的NEX-6和NEX-7等机型进行简要介绍。

■ 1.5.1 α5000

α5000机身小巧，外观时尚，具备可翻折液晶屏，可向上翻折至180°，令取景角度更自由。该机型以"小清新"为主打风格，主要面向年轻时尚的女性用户。其优势主要体现在以下几个方面。

便携小巧，适用范围广

此相机机身尺寸为109.6mm×62.8mm×35.7mm，约210g，便携小巧。

小巧的机身，是女孩子的自拍利器

随身携带，抓拍生活点滴

α5000

α5000体积小巧

适应暗光环境的拍摄

α5000搭配APS-C尺寸的感光元件，有效像素为2010万。该相机的最高感光度可达ISO16000，并采用和α7R相同的BIONZ X影像处理器，使之能够适应多种拍摄环境。在暗光环境下拍摄时，能够获得纯净而清晰的影像。

另外，机身中配备了内置闪光灯，使其能够适应暗光环境及逆光拍摄，有助于主体和背景充分曝光，还可在拍摄人像时添加眼神光。

α5000配备内置闪光灯

▲ 暗光环境下利用现场光拍摄的画面，影像清晰、层次丰富

▲ 逆光拍摄人像时，使用内置闪光灯补光，主体和背景亮度得到平衡，并为人像添加眼神光

无限传输，即时分享

α5000具备NFC一触功能，可通过碰触智能手机或平板电脑实现一触分享功能。另外，也可通过打开PlayMemories Mobile应用软件，实现智能手机控制和Wi-Fi即时分享功能，轻松将照片传输到智能手机或平板电脑中。

使用NFC一触功能

在智能手机中安装PlayMemories Mobile软件以使用Wi-Fi功能

注意：
Wi-Fi功能让照片的共享、浏览、保存和后期编辑变得更加便利。使用Wi-Fi可以轻松将照片传输到智能手机和平板电脑中，可以在大屏幕电视上欣赏，也可将照片转移到个人电脑中，而无须插拔存储卡和使用繁琐的HDMI线。另外，利用无线网络在智能手机和平板电脑上浏览相机中的照片后还可将照片传送到移动设备中，利用移动设备中的图像应用程序将照片附在电子邮件中与亲友分享或上传到社交网络。

自动HDR功能

此相机具有"自动HDR"功能，可捕捉比普通曝光更丰富的阴影和高光细节。当按下快门时，自动HDR功能在3种不同的曝光模式下（高光细节、中间范围色调、阴影细节）曝光，然后合成一幅影像，通过数字优化来提高动态范围。自动HDR功能的曝光范围，以1EV为单位在1EV到6EV间作出调整，能够很好地适应大光比环境下的拍摄。

▲"自动HDR"功能使相机能够适应大光比环境，平衡画面的明暗

13种照片效果保证图像高品质

α5000内置了13种照片效果，分别是玩具相机、流行色彩、分色（彩色/黑白）、复古照片、柔光亮调、局部彩色、强反差单色、柔焦、HDR绘画、丰富色调黑白、微缩景观、水彩画和插图，拍摄者可尽情发挥创意，使拍摄更具趣味性和艺术性。

"局部彩色（红）"效果

使用"玩具相机"效果拍摄的照片

注意：
α5000搭载索尼特丽魅彩显示技术，在拍摄完照片后，可结合配备索尼特丽魅彩显示技术的BRAVIA液晶电视机进行播放。利用HDMI线或Wi-Fi将相机连接至4K电视机，播放4K静态影像，可观赏到更为丰富的画面细节。

▶ 采用α5000机身结合E PZ 16-50mm F3.5-5.6 OSS镜头拍摄。L级影像尺寸的设置得到高品质成像效果，画面层次丰富，影调细腻

📷 机型：α 5000 镜头：E PZ 16 50mm F3.5 5.6 OSS ZA OSS 快门速度：1/1250秒 光圈：F4 感光度：160 焦距：35mm 白平衡：自动 曝光补偿：0EV

■ 1.5.2 NEX-5T

NEX-5T采用APS-C尺寸的感光元件，具备约1610万有效像素；优化的 BIONZ影像处理器，确保高画质和低噪点；在ISO AUTO模式下，感光元件的感光度范围为ISO100～ISO3200，并可手动设置感光度至ISO25600。可实现约等于2.0倍的光学变焦效果，支持多种电影格式，包括AVCHD，50p/50i，25p。其与α5000一样，具有照片效果、自动HDR功能和无线传输、即时分享等功能，在此不再赘述。下面，我们将对其特性进行讲解。

NEX-5T

便捷的操作

NEX-5T配备180°触摸式可翻折液晶屏，通过触摸快门，拍摄者可触摸显示在液晶屏上的被摄主体，此时相机会自动对焦并迅速生成合焦的照片；用户可利用控制转盘和Fn功能键，快速设置和修改拍摄参数；还可通过触摸液晶屏实时显示和调整照片的亮度、色调、色彩饱和度、背景虚化及照片效果模式。

控制转盘 —— Fn功能键

混合自动对焦功能提高抓拍成功率

NEX-5T的优化自动对焦，可根据场景自动选择合适的对焦模式。使用对比度检测对焦可覆盖广域的25个自动对焦点，而相位检测自动对焦可涵盖对比度检测对焦9个中央对焦框内的99个对焦点。可快速检测对焦方向和镜头移动的距离，随后对比度检测自动对焦会精准地聚焦目标。当需要快速捕捉运动物体时，相机会启动相位检测自动对焦。

25个对比度检测对焦点

相位检测对焦，AF区域内的对焦点为99个

NEX-5T具有混合自动对焦功能，使相机具备快速自动对焦跟踪能力，最高连拍速度约为10张/秒，有利于抓拍高速运动的主体，能够轻松应对体育运动及动物等拍摄题材。

第1张

第2张

■ 1.5.3　α6000

α6000是APS-C画幅相机，具备2430万有效像素。采用BIONZ X影像处理器，实现11张/秒高速连拍。其可翻折的液晶显示屏可向上翻折约90°，向下约45°，方便多角度拍摄。除此之外，相机安装有OLED电子取景器、多接口热靴和内置闪光灯，且同样搭载PlayMemories Camera Apps相机应用程序。该机最大的亮点在于快速而准确的自动对焦功能，而且增加了AF-A对焦模式。我们将对此进行详细介绍。

α6000

增强型混合自动对焦系统

α6000具备优化的增强型混合自动对焦系统。虽然NEX-5T同样具备混合自动对焦系统，但是α6000采用了179个高密度相位检测自动对焦点，覆盖的对焦区域更宽更密集，使对焦速度达到约0.06秒，实现快速而精准的对焦。

α6000具备179个高密度相位检测自动对焦点（绿色）和25个快速智能自动对焦点（蓝色）

179个相位检测自动对焦点

新增加的AF-A对焦模式

在α6000相机中，新增了AF-A对焦模式。该模式可根据被摄主体的不同状态，在对焦模式AF-S和AF-C之间自动切换。在此模式下，半按快门按钮，相机会根据被摄体的动态做出判断：对象静止时，固定焦点位置；对象移动时，将持续对焦。

第1张

对焦示意。主体的动态变化不大，因此使用AF-A对焦模式，使对焦更为机动方便

注意：
当采用AF-C连续对焦时，半按快门按钮期间，由于持续对焦有可能因动态主体晃动而得到较为模糊的照片，这种情况是有可能出现的，不是相机故障。

第2张

眼控对焦和对焦锁定功能

在人像摄影中，眼睛的清晰对焦至关重要，而α6000就具备"眼控对焦"功能。在拍摄人像时，打开"眼控对焦"功能，就不会因为重新构图而失焦，确保焦点始终对焦在人眼上。

▲ 上图是用α6000拍摄的，拍摄对象为幼儿，活泼好动。这时将"眼控对焦"功能开启，可令对焦点准确对宝宝的眼睛跟踪对焦，保证了成像的清晰

📷 机型：α6000 镜头：E 18-200mm F3.5-6.3 OSS LE 快门速度：1/500秒 光圈：F2 感光度：400 焦距：60mm 白平衡：自动 曝光补偿：0EV

另外，α6000相机在相位检测自动对焦技术的基础上进行了改进，使之具有连续自动对焦锁定功能，可根据对象特征快速调整目标框的大小来对焦被摄主体，增强了对移动对象的跟踪能力。

第1张

第2张

▲ 上面这组照片是利用α6000的自动对焦锁定功能拍摄的。被摄体为动体，因此在同一对焦平面对主体对焦并锁定，当主体动态发生改变时，相机将对其进行跟踪对焦，确保图像的清晰

📷 机型：α6000 镜头：E 18-200mm F3.5-6.3 OSS LE 快门速度：1/640秒 光圈：F2.8 感光度：200 焦距：200mm 白平衡：自动 曝光补偿：0EV

■ 1.5.4 α7/α7R/α7S

α7/α7R/α7S相机是ILCE系列中的全画幅微单相机，搭载全画幅Exmor CMOS感光元件和BIONZ X影像处理器，采用XGA OLED电子取景器，具有增强型混合自动对焦功能、眼控对焦功能、NFC一触功能和Wi-Fi功能，支持特丽魅彩显示技术和4K静态影像输出。

α7

α7/α7R

α7/α7R的配置大致相同，感光度范围为ISO100～ISO25600，可录制50p/25p高清动态影像。不同之处在于，α7的传感器尺寸为35.8mm×23.9mm，拥有约2430万有效像素，机身重量为416g，机身外壳仅有顶部框架和固定卡口处为金属；α7R的传感器尺寸为35.9×24mm，拥有约3640万有效像素，机身重量为407g，机身外壳为镁合金。

α7R

◀ 左图是用α7拍摄的，在近距离使用35mm定焦镜头对焦于单枝花朵。虽然采用逆光拍摄，但暗部细节层次依然丰富，且白色花朵亦有有明显过曝。画面对焦处成像锐利，焦外虚化漂亮，画质优异

📷 机型：α7 镜头：Sonnar T* FE 35mm F2.8 ZA 快门速度：1/2000秒 光圈：F5 感光度：200 焦距：35mm 白平衡：自动 曝光补偿：0EV

注意：
除了前面的介绍，α7和α7R的不同之处还体现在以下两点。
1. α7R取消了低通滤镜。
2. α7搭载混合对焦方式，采用相位检测对焦结合对比度检测对焦，而α7R上并没有搭载相位检测对焦点。

◀ 左图采用α7R拍摄。在广角镜头的表现下，景物信息量丰富，大尺寸感光元件和高像素保证了图像优异的画质和细节层次。得益于图像的大尺寸，即使通过后期裁切进行二次构图，亦能令画面细节得到保证

📷 机型：α7R 镜头：Vario-Tessar T* FE 24-70mm F4 ZA OSS 快门速度：1/1000秒 光圈：F5.6 感光度：160 焦距：24mm 白平衡：自动 曝光补偿：0EV

α7S

α7S得益于索尼全新的、约1220万有效像素35mm全画幅Exmor CMOS影像传感器和优化的高速BIONZ X影像处理器，能够适应在多种光照环境下的静态图像和动态影像拍摄，具备优异的高感光度和低噪点的成像能力。其感光度范围达到ISO100～ISO49600，能在明亮环境中保持丰富的色调层次，在黑暗环境中降低噪点。

α7S

▲ 上图使用α7S拍摄，在暗光环境中，虽然明暗反差巨大，画面仍然得到了合理曝光，影调细腻，基本没有看到噪点，画质表现优异

📷 机型：α7S 镜头：FE 70-200mm F4 G OSS 快门速度：1/80秒 光圈：F3.2 感光度：1600
焦距：173mm 白平衡：自动 曝光补偿：0EV

该相机为专业摄像师提供高比特率XAVC S格式，实现了以码流50Mbps拍摄高清动态影像，可呈现高品质的影像。

该机还具备S-Log2伽玛设置功能，能够将动态范围扩大约1300%，实现画面层次的平滑表现，减少过度曝光和暗部缺失的现象。在后期制作中，拍摄者可以充分运用影像的低噪点和丰富细节来实现多种类型的视觉表现。

α7S的对比度检测自动对焦高速而准确，帮助用户在低光照环境下捕捉动态主体

搭载摄像设备的α7S

注意：
1. 采用XAVC S格式拍摄动态影像时，建议使用高于Class 10的SDXC存储卡。
2. 非压缩图像输出现在可达4K分辨率，可从菜单选择4K或高清输出。4K输出功能还允许通过外接兼容4K的收录器以进行4K影像录制并能向兼容的显示器和电视直接进行4K输出。

▲ 上图是采用XAVC S格式拍摄的短片片断，影片过渡平滑，在明暗对比强烈的光线环境中，有效避免了出现过曝和死黑的现象

📷 机型：α7S 镜头：Vario-Sonnar T* 16-35mm F2.8 ZA SSM 快门速度：1/80秒 光圈：F2.8
感光度：500 焦距：16mm 白平衡：自动
曝光补偿：0EV

■ 1.5.5　NEX-6/NEX-7

NEX-6、NEX-7与NEX-5T一样，采用APS-C画幅CMOS感光元件和优化的BIONZ影像处理器，确保高画质和低噪点。在ISO AUTO模式下，感光元件的感光度范围为ISO100~ISO3200，可手动设置感光度至ISO25600。液晶屏最大可向上翻折约90°，向下约45°，提高了实景拍摄的多样性和便利性。可实现约等于2.0倍的光学变焦效果，支持多种电影格式，包括AVCHD，50p/50i，25p。同样具备照片效果、扫描全景模式、手持夜景模式、自动HDR功能、混合自动对焦功能。

NEX-6拥有约1610万有效像素。手动对焦拍摄时，可利用峰值功能检测画面中最锐利的部分，并高亮显示，帮助精准对焦。还可利用AM辅助功能放大焦点部分的图像（约4.8倍至约9.5倍），有效帮助对焦检查。

NEX-6

高亮显示画面中最锐利的部分

在拍摄时放大焦点部分查看

拍摄后的照片

NEX-7作为索尼的高端微单相机，被定位为"专业摄影师的第二台相机"。NEX-7拥有约2430万有效像素，机身顶部和前方外壳采用轻质镁合金。NEX-7具有三重转盘控制功能，更具操作便携性，可使拍摄者在短时间内对相机进行快速设置，使拍摄更具机动性。此功能可使用三重转盘在单个画面上同时调整或设置不同的拍摄调节项目。用户可以通过置于快门右侧的导航按钮循环选择拍摄及设置菜单（对焦、白平衡、动态范围、创意风格），选定某一项设置后，该设置下的相关参数就能通过控制转盘L/R及控制轮进行调整。

NEX-7

Step 1　按下导航按钮后，通过控制转盘L/R选择选项。

Step 2　选择需调整的选项后，按控制轮进行设置。

三重转盘控制菜单界面

索尼微单
相机的众多
实用功能

Chapter 02

在上一章，我们初步认识了索尼微单相机，在本章，我们将对其优势和特点进行进一步介绍，以使大家在使用时能够利用这些优势，更为灵活地操作相机，为拍摄服务。此图，拍摄者将"创意风格"设置为"清澈"，较好地表现出金属特有的质感，并使画面色彩表现沉着，突出了主体的贵重和精致。

机型：α6000 镜头：FE 70-200mm F4 G OSS 快门速度：1/50秒 光圈：F4.5
感光度：400 焦距：100mm 白平衡：自动 曝光补偿：0EV

2.1 直观的操作——控制转盘和软键

虽然索尼微单机型外观小巧，外部可操作的按钮并不多，但是其采用将按钮与菜单相结合的操作，使相机操作与菜单设置更紧密，可视操作使相机设置更直观。索尼微单系列相机主要通过控制转盘和软键来达到控制相机的目的。下面我们对此进行简单介绍。

2.1.1 控制转盘 | NEX-5T/α6000/NEX-6/NEX-7 |

在曾经的NEX系列机型中，控制转盘相当于相机的"指挥部"，通过它，用户可控制各大系统——曝光、对焦、白平衡、动态范围、创意风格。

NEX-5T的控制转盘

α6000的控制转盘

NEX-5T可通过控制转盘调节选项

2.1.2 控制拨轮 | 适用于全部机型 |

控制拨轮（不同机型叫法略有不同，如NEX-7中称控制轮）位于相机背面，其功能会随相机所处的状态而不同。在拍摄时，控制拨轮将负责控制显示内容、曝光补偿、拍摄模式等功能；播放时，控制拨轮负责控制显示内容、影像索引功能。另外，用户还可根据自己的需要，将功能指定到控制拨轮的右键。

当屏幕出现如下左图中的标志时，可转动控制拨轮，或按控制拨轮的上、下、左、右键选择设定项目。按下控制拨轮的中央按钮可确定选择。

控制拨轮的四个方向键和中央按钮

在曾经的NEX系列相机中，屏幕上出现箭头标志时，表示可以转动控制拨轮

液晶屏显示如上图所示的选项时，拍摄者可通过转动控制拨轮或按其四个方向键来进行选择，按中央按钮确定即可

■2.1.3 软键 | NEX-5T/NEX-6/NEX-7 |

在索尼微单相机的设置中，软键的使用方法较为灵活，根据具体情况，具有不同的作用，其位置如右图所示。要使用液晶屏右上角显示的功能，应按软键A；要使用液晶屏右下角显示的功能，应按软键B；要使用液晶屏中央显示的功能，应按控制拨轮的中央按钮（软键C）。此外，拍摄者还可将功能指定到软键B和C上。在右图中，软键A起到菜单按钮的作用，软键B起对焦按钮的作用，软键C起到MODE（照相模式）按钮的作用。

用户还可将相机功能分配给不同的软键，使操作更便捷。由于机型不同，可指定的各软键功能亦不同，下面以表格形式分别说明适用于NEX-6和NEX-7机型的、可分配到各软键的功能选项。

软键与菜单位置

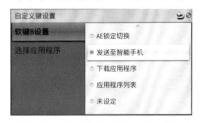

软键B设置（NEX-5T）

软键B设置		右键、软键B设置		软键C设置
拍摄技巧	DRO/自动HDR	照相模式	白平衡模式	照相模式
自动对焦模式	照片效果	AF/MF选择	测光模式	自定义
变焦	创意风格	自动对焦模式	DRO/自动HDR	
人脸检测	闪光模式	自动对焦区域	照片效果	
笑脸快门	闪光补偿	精确数码变焦	创意风格	
自动肖像构图	MF帮助	人脸检测	闪光模式	
美肤效果	智能手机观看	笑脸快门	闪光补偿	
影像质量	下载应用程序	美肤效果	MF帮助	
白平衡模式	应用程序列表	影像质量	对焦设置	
测光模式	未设定	ISO	未设定	

适用于NEX-6   适用于NEX-7

■2.1.4 前后转盘功能 | α7/α7R/α7S |

在α7/α7R/α7S相机中，设置有前后转盘。在拍摄期间，如果需要调整快门速度、光圈，通过旋转转盘即可更改照相模式中的曝光参数。

快门速度   光圈值

快门速度、光圈值通过前后转盘来调整

前转盘

后转盘

α7/α7R的前后转盘

2.2 灵活好用的液晶屏

根据机型的不同，索尼微单相机的液晶显示屏大致可分为三种：向上翻折180°（如α5000）、触摸屏（如NEX-5T）和折叠式液晶屏（如α6000）。下面，我们就来讲解液晶屏的使用。

■ 2.2.1 翻转屏的使用方法 | 适用于全部机型 |

可翻转液晶屏是索尼微单相机的一大亮点，能够改善拍摄条件，进行有创意的操作。根据机型的不同，液晶显示屏与机身连接轴的位置设计也不同，翻转角度及方式也就产生了差异。其中，NEX-5T、α5000显示屏的顶端与机身相连，以顶端为轴可进行180°翻转；α6000/α7/α7R/α7S的显示屏连接轴在机身底部，与显示屏中下端相连。

NEX-5T/α5000的显示屏均可向上翻转180°

α6000/α7/α7R/α7S的显示屏向下翻折

■ 2.2.2 触摸屏的使用方法 | NEX-5T |

在微单系列机型中，NEX-5T的显示屏为触摸屏，用户可以通过触摸显示画面，或在画面上滑动手指直观地操作相机。下面，我们就来讲解触摸屏的使用方法。

将"触屏快门"设置为"开"，相机将自动对拍摄者触摸的主体进行对焦并释放快门

触摸选项进行选择

用手指滑动指示器

在屏幕上滑动手指直到选项进入视野

在播放画面上向左或右滑动手指

2.3 "DRO/自动HDR" 适应明暗反差较大的场景

当拍摄环境存在较大的明暗对比，如拍摄逆光照片时，一般情况下，拍摄者会得到背景过亮而前景过暗的画面，使画面中的景物得不到如实再现。此时可利用索尼微单的"DRO/自动HDR"功能来平衡画面中景物的明暗。

DRO动态范围优化功能是索尼相机的一种机内动态范围调整功能。在拍摄时，将影像分为小区域，相机对被摄体和背景之间光和影的对比度进行分析，在保证照片亮部细节的同时，使暗部细节也能得到一定的表现，从而得到具备理想亮度和层次的影像。

DRO/自动HDR

未使用DRO功能拍摄，照片的明暗反差较大，暗部细节未得到表现

使用DRO功能拍摄，降低了明暗对比，暗部细节得到展现

"自动HDR"功能可以通过捕捉比普通曝光更丰富的阴影和高光细节来复制人类视觉的宽色调范围。其以不同曝光拍摄3张照片，一张表现阴影细节，一张表现高光细节，而另一张表现中间调。然后相机将曝光不足影像的明亮区域和曝光过度影像的昏暗区域叠加，生成一张层次丰富、曝光适度的照片。

▶ 右图是在中午拍摄的，强烈的光照令受光面和阴影形成较大的明暗反差，因而拍摄者将"自动HDR"功能开启，得到层次丰富、曝光适度的照片

▼ 而在拍摄下面这张小图时，拍摄者未开启此项功能，致使受光较少的地面景物淹没于阴影中，细节层次未得到表现

未使用"自动HDR"功能拍摄

📷 机型：α7 镜头：Vario-Sonnar T* 16-35mm F2.8 ZA SSM 快门速度：1/500秒 光圈：F5.6
感光度：100 焦距：16mm 白平衡：自动 曝光补偿：0EV

2.4 "扫描全景" 功能拍摄大场景 | NEX-5C/NEX-C3除外 |

扫描全景技术是通过成像设备采集一系列图像序列，再利用软件对图像进行匹配拼接，最后合成一张取景范围大的全景照片。索尼微单系列相机中，扫描全景的拍摄方法非常简单：在将相机设置为"扫描全景"模式后，先预估拍摄的大致范围，半按快门合焦后，完全按下快门按钮水平或竖直移动相机直至相机确认完毕，相机将自动生成一张全景照片。水平拍摄时，宽尺寸为12416×1856，标准尺寸为8192×1856；垂直拍摄时宽尺寸为5536×2160，标准尺寸为3872×2160。具体拍摄方法如下图所示。

Step 1 在"照相模式"中，选择"扫描全景"选项。

Step 2 半按快门按钮对焦，对准被摄体的边缘，完全按下快门按钮，按照指示摇摄直至结束。

▲ 上图为拍摄后的效果。使用"扫描全景"功能可得到更为宽广的画面，多用于拍摄日出、海景、建筑和城市夜景等

在拍摄全景影像时，最好拍摄静态的被摄体，以保证拍摄成功。在拍摄前，应先设置好"影像尺寸"及"全景方向"选项。在回放全景影像时，按控制拨轮的中央按钮，相机将从头到尾滚动显示全景影像，再按一次即可暂停。

按控制拨轮中央按钮，滚动显示全景照片

设置"影像尺寸"

设置"全景方向"

在拍摄全景影像时，应向一个方向匀速移动相机，以较快的速度在给定的时间内完成拍摄，如果无法在指定时间内完成拍摄，则画面中会出现灰色区域。由于全景图像是由多张照片拼合而成的，为使接合部分平滑，应保证持机高度一致。在拍摄全景照片期间，相机连续拍摄，快门将不断发出拍摄的声音，直至拍摄结束。

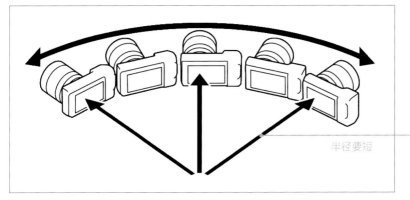

半径要短

水平拍摄时的持机方式

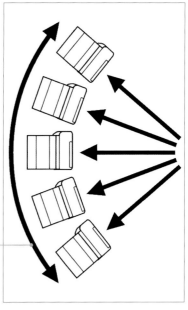

垂直拍摄时的持机方式

机型：α7　镜头：Vario-Tessar T* FE 24-70mm F4 ZA OSS　快门速度：1/250秒　光圈：F8　感光度：160　焦距：50mm　白平衡：自动　曝光补偿：0EV

注意：
1. 在6秒左右完成全景扫描最佳，太快太慢都会提前中断拍摄。
2. 拍摄途中必须一直按着快门按钮，平稳向一个方向转动相机，松开快门就会停止拍摄，照片会自动保存。
3. 全景不等于360°。
4. 在扫描全景模式下，拍摄较大物体、移动中的物体、反差不明显的物体（如天空、沙滩或草地）以及物体过于接近相机时，可能无法清晰扫描全景。
5. 扫描全景模式下无法使用变焦和设置ISO。
6. 如果景物的某一部分亮度差异很大，且集中在画面边缘，则可能无法拍摄全景照片。
7. 如果被摄体在亮度、色彩方面存在显著差异，拍摄将不会成功。

为满足拍摄需要，拍摄者可利用"创意风格"功能，选择与拍摄题材相适应的照片风格，使图像在色彩表现、成像风格方面与拍摄题材及拍摄者的创意相适应。在这些风格选项中，拍摄者可随意调节快门速度和光圈值。由于机型不同，其内置的预设选项会有所差异。下面以表格形式列出常见的创意风格选项。

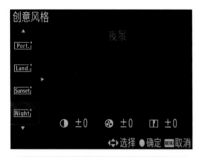

创意风格（α7）

创意风格（NEX-5T）

创意风格	说　　　明
标准	用于拍摄各种具有丰富渐变色调和艳丽色彩的场景
生动	会增强饱和度和对比度，用于拍摄具有丰富色彩的场景和被摄体
中性	饱和度和锐度被减弱，画面的色调对比协调，如果需要对图像进行后期处理，可设置为此创意风格
清澈	用于表现高亮区域具有透明色彩的影像，适合捕捉辐射光
深色	用于表现具有深沉色彩的影像，适合暗光环境中的画面
轻淡	表现具有明亮和简单色彩的影像，适合表现亮光环境中的画面
肖像	用于拍摄具有柔和色调的肤色，特别适合拍摄肖像
风景	会增强饱和度、对比度和锐度，用于拍摄生动鲜明的场景。同时，远处的风景细节也会得到细腻表现
黄昏	用于拍摄日落时的晚景画面
夜景	对比度被减弱，用于捕捉更加贴近真实景色的夜景
红叶	用于表现秋景，突出红色及黄色树叶的鲜明色彩
黑白	用于拍摄黑白单色调影像
棕褐色	用于表现棕褐色的单色画面

除了上述相机中预设的选项外，还可对各个"创意风格"选项的对比度、饱和度、锐度进行微调，使拍摄的照片更符合拍摄者的创意。其中，当设置为"黑白""棕褐色"创意风格时，无法调节饱和度。下面用表格及图例进行说明。

调整项	说　　　明
对比度	选择的值越大，光与影的反差就越强
饱和度	选择的值越大，颜色越鲜艳。选择较小的值时，影像的颜色将受到限制且较为柔和
锐　度	选择的值越大，轮廓越鲜明；选择的值越小，轮廓越柔和

注意：
当相机设置为"智能自动""场景选择"以及"照片效果"（设置为"关"时除外）时，可使用"标准"创意风格。

标准

中性

清澈

深色

轻淡

肖像

风景

黄昏

夜景

红叶

黑白

棕褐色

生动

小贴士：
对比上面的图例可以发现，在拍摄花卉题材时，使用"生动"创意风格比较合适。一般而言，拍摄花卉、植物等题材适合选择标准、生动、清淡、风景等选项；拍摄人像题材适合选择标准、轻淡、肖像、夜景、黑白选项；拍摄风光题材适合选择标准、生动、清晰、深色、风景、黄昏、夜景、红叶选项；拍摄动物题材适合选择标准、生动、清晰选项；拍摄静物题材适合选择标准、中性、黑白、棕褐色选项。

▲ 上图采用风景模式拍摄，画面中的主体色彩饱和度高，颜色鲜艳，表现出植物旺盛的生命力

📷 机型：α7 镜头：Vario-Tessar T* FE 24-70mm F4 ZA OSS 快门速度：1/400秒 光圈：F2.8
感光度：100 焦距：60mm 白平衡：自动 曝光补偿：0EV

2.6 "人脸检测" "人脸登记"与"笑脸快门"使人像拍摄快速准确

拍摄人像时,可使用"人脸检测""人脸登记"与"笑脸快门"功能来高效快速地完成拍摄。由于机型不同,其功能选项会稍有变化,下面我们就来详细了解一下各项功能及其使用方法。

■2.6.1 "人脸检测"优先对焦人脸 | 适用于全部机型 |

"人脸检测"功能可检测并聚焦人脸,然后利用这些区域的测量值来套用最佳的曝光量和白平衡、闪光灯亮度设置、动态范围优化设置及图像处理控制等,以确保拍摄成功。可选项目为"开(登记的人脸)""开"和"关"。在α机型中,该选项存在于"笑脸/人脸检测"项目中。下面以列表对其各选项进行说明。

人脸检测选项(NEX-5T)

人脸检测选项	说　明
开(登记的人脸)	对焦登记的人脸以便取得优先
开	选择相机要自动对焦的人脸
关	不使用"人脸检测"功能

人脸检测选项

笑脸/人脸检测选项(α机型)

40　当拍摄多人合影时,在使用NEX-5T、NEX-6、NEX-7相机时,人脸检测框会判断主要被摄者和非优先对焦的人脸。主要被摄者的人脸检测框将变成白色,半按快门时,对焦框将变成绿色,而非优先对焦的人脸检测框为灰色或洋红色。

非优先对焦的被摄者会以灰色人脸检测框显示

主被摄者以白色人脸检测框显示

人脸检测框以色彩区分被摄者的优先与否

◀ 在拍摄左图时,"人脸检测"设置为"开",由于存在两个被摄体,相机自行判断出主要被摄体,优先对焦。在半按快门时,白色对焦框变为绿色,使画面主次分明

📷 机型:NEX-6　镜头:E 35mm F1.8 OSS　快门速度:1/320秒
光圈:F1.8　感光度:200　焦距:35mm　白平衡:自动　曝光补偿:0EV

■ 2.6.2 "人脸登记" 方便家庭人像的拍摄 | 适用于全部机型

如果家庭使用，可利用此功能为家庭成员进行人脸登记，使拍摄更便利。如果预先登记人脸，当"人脸检测"设为"开（登记的人脸）"时，相机会优先检测登记的人脸。"登记人脸"中共有四项，最多可登记8张人脸，右面以表格形式对各项进行说明。

人脸登记选项	说　明
新登记	登记新的人脸
交换顺序	变更之前所登记人脸的优先权
删除	删除登记的人脸，选择人脸并按OK
全部删除	删除登记的所有人脸

人脸登记选项（NEX-5T）

■ 2.6.3 "笑脸快门" 快速捕捉微笑画面 | 适用于全部机型

笑脸快门功能可以检测对象的微笑瞬间，自动释放快门。笑脸检测的灵敏度有两种设置：开和关。该功能启用后，液晶屏上会显示微笑水平指示；快门会在到达指定水平后自动释放，以便抓拍自然而灿烂的笑脸，但笑脸功能可能会因拍摄条件的差异而无法正确检测到微笑。下面以表格形式对各个选项进行说明。

笑脸快门选项（NEX-5T）

选　项	说　明
开	使用笑脸快门
关	不使用笑脸快门

小常识：
在α机型中，笑脸快门穿在于"笑脸/人脸检测"项目中。

▲ 在婚礼中抓拍人像时，笑脸快门非常有用。婚礼当天宾客众多，且充满不确定因素。在拍摄此图时，事先将"笑脸/人脸检测"设置为"笑脸快门"，当被摄者露出笑脸时，相机即刻对焦并拍摄，牢牢把握每一次拍摄机会

机型：α7R　镜头：FE 70-200mm F4 G OSS　快门速度：1/50秒　光圈：F4　感光度：400　焦距：135mm　白平衡：自动　曝光补偿：-1EV

2.7 "动作防抖"保证昏暗场景下的手持拍摄

在暗光环境中拍摄时，会使曝光时间延长，如果采用手持拍摄，则很容易由于手抖而导致画面模糊，影响拍摄效果。针对这一点，我们可使用相机的"动作防抖"功能，有效减少相机抖动和噪点的产生。开启此功能后，按下一次快门，相机将以高感光度连拍6张影像并合成为一张静态照片。在此模式下，拍摄者可调整曝光补偿，非常有利于拍出精准曝光的照片。

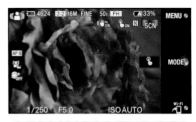

动作防抖操作界面（NEX-5T）

▲ 在拍摄上图时，室内环境较为昏暗，为了使手持拍摄的画面清晰，拍摄者开启了"动作防抖"功能。相机在拍摄时，感光度范围自动调整为ISO4000～ISO6400，以保证快门不会太慢而使相机抖动，快门连续释放6次后得到此图。从照片效果来看，成像锐利，很难发现噪点，图像质量得到保证。相比于右下小图的局部放大图，可见"动作防抖"功能的强大

📷 机型：α7R 镜头：Vario-Tessar T* E 16-70mm F4 ZA OSS 快门速度：1/100秒 光圈：F4
感光度：4000 焦距：24mm 白平衡：自动 曝光补偿：0EV

注意：

1. 如果影像质量设置为"RAW"或"RAW&JPEG"，选择"动作防抖"时，影像质量将短暂变为"精细"。

2. 当拍摄移动的被摄体或与被摄体距离太近时，防抖效果欠佳。

3. 在闪烁的光源下拍摄时，画面可能会出现成块的噪点。

在高感光度的设置下，未使用"动作防抖"功能，画面出现了很多噪点（此为局部放大图）

2.8 "速度优先连拍" 胜任运动场景拍摄 适用于全部机型

在拍摄运动题材时，被摄体处于高速运动的状态，如果相机的快门速度不能保证以高于被摄体运动的速度拍摄，得到的画面中的主体就会很模糊。因此，拍摄动态场景时，具备高速连拍功能的相机对于拍摄是很重要的。索尼微单相机的连拍速度因机型的不同而各异，在"速度优先连拍"模式下，NEX-5T、NEX-6、NEX-7等机型均可最快以每秒10张拍摄，从而能够从容应对体育运动、动物等需要高速拍摄的题材。

第1张

第2张

▶ 这组照片是采用"速度优先连拍"模式拍摄的，捕捉到正在喂食的鸟儿。由于在此模式下，相机以拍摄第一幅照片时的对焦和曝光数据为准，所以最好用于拍摄与相机距离保持不变的被摄对象

🎞 机型：α7R 镜头：FE 70-200mm F4 G OSS
快门速度：1/500秒 光圈：F4 感光度：400
焦距：200mm 白平衡：自动 曝光补偿：0EV

第3张

小常识：
在索尼微单系列机型中，常见的连拍模式共有三种，除"速度优先连拍"外，还有"连拍""定时（连拍）"。其中，以"速度优先连拍"的连拍速度最快。拍摄首张照片的对焦和亮度设置将用于后续拍摄中。拍摄方法与"连拍"一样，都是按住快门按钮不放，以连续拍摄照片。而在"定时（连拍）"模式下，相机会在10秒后自动开始连续拍摄。

2.9　全高清AVCHD视频的魅力　| 适用于全部机型 |

索尼微单系列相机可以记录基于AVCHD格式的高清影像。AVCHD格式是高清数码视频格式，具有小体积、高画质、高音质的特点。与惯用的影像压缩格式相比，MPEG-4 AVC/H.264格式能够以更高的效率压缩影像，能够将数码摄影机上拍摄的高清视频信号记录到8cm DVD光盘、硬盘驱动器、闪存、存储卡等媒体上，存储及读取都很方便。

AVCHD文件格式

小常识：

AVCHD是索尼（Sony）公司与松下电器（Panasonic）于2006年5月联合发布的高画质光碟压缩技术，AVCHD标准基于MPEG-4 AVC/H.264视频编码，支持480i、720p、1080i、1080p等格式，同时支持杜比数字5.1声道AC-3或线性PCM 7.1声道音频压缩。

2.10　便捷而灵活的视频录制方式　| 适用于全部机型 |

在录制短片时，按下机身上红色的"MOVIE"按钮即可（机型不同，MOVIE按钮的位置也不同）。在录制视频的过程中，可以更改光圈、快门速度、曝光补偿、ISO等参数，并且可以将"创意风格"或"照片效果"功能应用于录像。此外还可以在拍摄时进行静音自动对焦和连续自动对焦，始终保持主体清晰，用户也可以通过半按快门的方式进行辅助对焦。

MOVIE按钮

半按快门辅助对焦：对人物直接对焦

变焦操作：调整镜头的焦距

连续自动对焦保持移动的主体清晰

2.11 便捷的无线传输功能 | 适用于全部机型

索尼微单系列相机具有无线传输功能，包括Wi-Fi和NFC一触功能。下面对其进行详细介绍。

Wi-Fi功能

Wi-Fi功能让照片的共享、浏览、保存和后期编辑变得更加便利。拍摄者可轻松将照片传输到智能手机和平板电脑中，在大屏幕上欣赏图片，还可将照片转移到个人电脑中，而无须插拔存储卡或使用繁琐的HDMI线。另外，拍摄者利用无线网络浏览相机中的照片后还可将照片传送到移动设备中，通过移动设备中的图像应用程序将照片附在电子邮件中与亲友分享或上传到社交网络。具体操作如下。

Step 1 登录索尼相机应用程序官网。

Step 2 进行账户注册。

Step 3 在相机"应用程序"菜单1中选择"应用程序列表"。

Step 4 选择"PlayMemories Camera Apps"选项。

Step 5 选择"访问点手动设置"选项。

Step 6 输入密码。

Step 7 进入网上商城并连接到相应的Wi-Fi网络。

Step 8 登录账户。

Step 9 安装并上载应用。

即使智能手机/平板电脑不支持NFC，也可实现智能手机控制和Wi-Fi即时分享功能。在使用Wi-Fi功能时，需先打开"PlayMemories Mobile"应用软件，在相机上选择"使用智能手机控制"/"发送至智能手机"，然后在智能手机/平板电脑端输入相机上显示的密码即可。

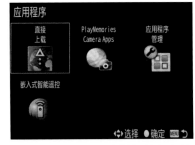

Step 10 在相机中浏览要上传的照片。

Step 11 在相机"应用程序"菜单1中选择"应用程序列表"。

Step 12 选择"直接上载"。

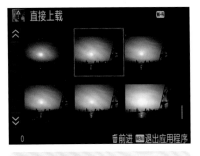

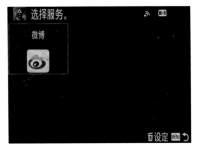

Step 13 选择照片。

Step 14 选择服务。

Step 15 进入账户并上传。

NFC一触功能

NFC（近场通信）技术是将智能手机/平板电脑碰触相机，即可实现一触遥控和一触分享的功能。

一触遥控

Step 1 在手机中下载PlayMemories Moblie应用程序。

Step 2 将相机设置为拍摄状态，用手机轻轻与相机的手柄处贴合，连接成功。

Step 3 用手机遥控拍摄。

一触分享

Step 1 事先将相机设置为回放界面，选择要上传到手机的照片然后触碰手机。

Step 2 连接手机并传送，将图像复制到手机上。

注意：
1. 下载应用程序时需访问网站 http://www.sony.net/pmca。
2. 卸载应用程序时的顺序：菜单（MENU）>应用程序管理>管理和移除，选择要卸载的应用程序后按删除按钮即可。
3. 在使用一触功能时，智能手机/平板电脑需要支持NFC，且需预装Android 4.0或以上版本的操作系统及"PlayMemories Mobile"3.0或以上版本的应用软件。

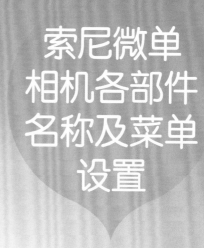

索尼微单
相机各部件
名称及菜单
设置

Chapter 03

要想拍出理想的画面效果，那么就一定要先了解相机的各部件名称及功能，而菜单的设定方法及常用菜单的设置，则可帮助我们更好地完成拍摄。在本章，我们将对相机外观的各部件及菜单设定进行讲解，帮助大家掌握初级的相机操作。此图，拍摄者采用3:2的纵横比来拍摄。利用相机的网格线功能构图，在抓拍的同时，得到构图合理的画面。

机型：α7R 镜头：Vario-Tessar T* FE 24-70mm F4 ZA OSS 快门速度：1/1250秒
光圈：F7.1 感光度：400 焦距：24mm 白平衡：自动 曝光补偿：0EV

3.1 相机各部件名称及标识含义 | 适用于全部机型 |

对相机功能的了解是掌握拍摄操作的第一步，本章我们将对索尼微单相机的机身各部件进行讲解，以使用户更加熟悉手中相机的功能与操作。索尼微单系列中各个机型虽各有特点，但也大同小异。下面说明机身各部件的名称及功能。

■ 3.1.1 机身正面详解

索尼微单相机的正面包括遥控接收部分、镜头释放按钮、自拍指示灯等，并装有镜头，这些功能部件可帮助拍摄者在拍摄时方便快捷地进行操作。下面我们就来对其具体位置、功能进行讲解。

序号	名　称	说　明
1	AF辅助照明发光部分/自拍指示灯	用于拍摄人像及对焦时的辅助照明；在使用闪光灯拍摄人像时，可避免红眼现象
2	安装标记	安装镜头时的标记
3	遥控接收部分	接收遥控器信号
4	镜头释放按钮	在拆卸镜头时按下此按钮可卸下镜头
5	影像传感器	接收来自镜头的影像，将其转换为电信号
6	接点	用于镜头与相机之间的信息传输
7	卡口	用于连接、安装镜头

机身正面（α7R）

■ 3.1.2 机身背面详解

相机的背面面向拍摄者，包括取景器和液晶屏、播放按钮等，其功能设定可极大地方便拍摄者对相机的操作控制。下面介绍这些部件的名称及功能。

机身背面（NEX-5T）

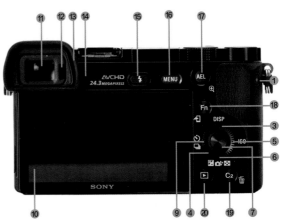

机身背面（α6000）

机身背面（α7R）

序号	名　称	说　明
①	MOVIE（动态影像）按钮	按下此按钮录制视频
②	软键A	用于激活液晶屏右上角显示的功能及菜单设置
③	DISP按钮	切换画面显示
④	控制拨轮	转动控制拨轮进行设置
⑤	ISO按钮	用于设置感光度

序号	名　称	说　明
⑥	曝光补偿/照片创作/索引按钮	用于补偿曝光、照片创作及显示影像索引
⑦	软键C/确认按钮	用于激活液晶屏右侧中央显示的功能、确认选项
⑧	软键B	用于激活液晶屏右下角显示的功能；当液晶屏右下角显示删除图标时，可删除影像
⑨	拍摄模式按钮	在拍摄状态下，按此按钮可设置拍摄模式
⑩	液晶屏	用于显示菜单及取景拍摄
⑪	取景器	真实还原拍摄场景，并确保明亮舒适的观察
⑫	目镜传感器	接收来自镜头的光信号，将其转换为电信号
⑬	眼罩	用于保护取景器，使取景更为舒适
⑭	屈光度调节旋钮	调节取景器的清晰度
⑮	闪光灯弹出按钮	按下此按钮，闪光灯弹出
⑯	MENU按钮	用于设置菜单
⑰	AF/MF/AEL按钮	用于设置对焦模式
⑱	Fn按钮	在拍摄时按下此按钮，将调出常用功能设置。还可为Fn按钮注册其他功能
⑲	C2（自定义2）/删除按钮	用于进行自定义注册，设置常用功能。在播放图像时，用于删除图像
⑳	播放按钮	在播放时用于回放照片
㉑	C2（自定义2）/放大按钮	用于进行自定义注册，设置常用功能。在播放图像时，可放大图像
㉒	AF/MF/AEL切换杆	用于选择对焦模式及AEL
㉓	白平衡按钮	用于设置白平衡
㉔	C3（自定义3）/删除按钮	用于进行自定义注册，设置常用功能。在播放图像时，用于删除图像

49

■3.1.3　机身侧面详解

相机的右侧面集中了各个端子，而左侧面安装有存储卡，并且作为相机手柄，确保拍摄者在使用时有舒适的手感。通过对机身侧面部件的了解，我们在进行与打印机、电视、电脑等外围设备的连接操作时能更加得心应手。

序号	名　称	说　明
①	充电指示灯	当充电时，亮起橙色灯光
②	Micro USB端子/多功能接口	可连接兼容Micro USB标准的设备
③	HDMI端子	高清视频传输接口，连接显示器
④	麦克风接口	如果连接外接麦克风，会自动切换到外接麦克风。如果使用兼容插入式电源的外接麦克风，本相机将为其提供电源
⑤	耳机接口	用于连接耳机
⑥	内置麦克风	在拍摄动态影像时，请注意不要用手堵塞，避免噪音或音量降低
⑦	N标记	标示连接相机与启用NFC功能的智能手机的接触点
⑧	存储卡盖	用于保护存储卡插槽
⑨	存储卡插槽	用于安装存储卡

机身右侧面（NEX-5T）

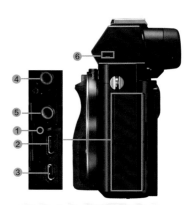

机身右侧面（α7R）

机身左侧面（α7R）

■ 3.1.4　机身顶部及底部详解

相机顶部的部件包括闪光灯热靴、快门按钮、电源开关等。通过这些部件，可对相机执行拍摄和参数设定。相机的底部部件较少，没有安排按钮，其平滑的结构可将之放于光滑平面，从而将拍摄者的双手解放出来。然而相机的底部功能并不止于此，三脚架安装孔可将相机固定在三脚架上，电池也位于此处。

机身顶部（NEX-5T）

序号	名　称	说　明
1	快门按钮	半按快门对焦被摄体
2	ON/OFF（电源）开关	位于ON时，相机电源打开；位于OFF时，相机电源关闭
3	Fn（功能）按钮	快捷按钮，按此按钮将立即调出常用设置项目
4	扬声器	播放视频时，声音从这里发出
5	影像传感器位置标记	标注影像传感器的位置
6	智能附件插座	用于安装外接闪光灯等附件
7	播放按钮	在播放时，按下此按钮可播放图像或动态影像
8	控制转盘	通过转动控制转盘可以设定光圈值、快门速度等
9	模式旋钮	用于设置拍摄模式
10	前转盘	通过转动转盘，可以设定光圈值、快门速度等
11	C1（自定义1）按钮	用于进行自定义注册，设置常用功能
12	曝光补偿旋钮	用于设置曝光补偿
13	后转盘	通过转动转盘，可以设定光圈值、快门速度等
14	打开杆	滑动盖子的打开杆，打开盖子
15	三脚架安装孔	用于连接三脚架
16	电池盖	用于安装电池
17	麦克风	在拍摄动态影像时，请不要遮挡此处

机身顶部（α7R）

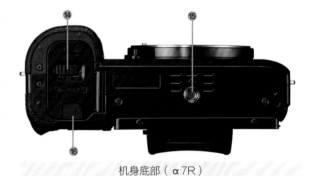

机身底部（α7R）

50

3.2 ▶ 看懂液晶屏图标是设置相机的前提　| 适用于全部机型 |

使用微单相机时，要通过液晶屏所显示的图标来查看相机状态，并以此进行设置。因此，熟识液晶屏图标是很重要的。根据布局，液晶屏显示区域可分为上、下、左、右四大块。下面，我们就来认识一下液晶屏中的各个图标及其功能。

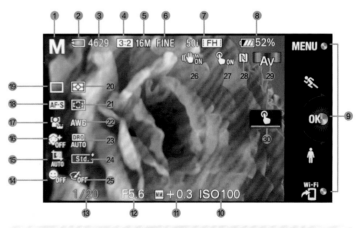

NEX-5T拍摄待机时的液晶屏图标显示

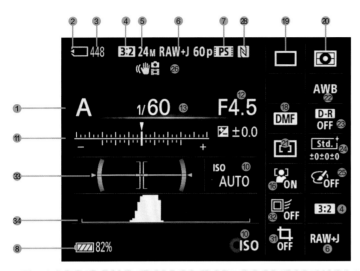

α7/α7R/α7S相机在P/A/S/M扫描全景时的液晶屏图标显示

序号	名 称	序号	名 称
1	照相模式	7	动态影像的录制模式
2	存储卡/上传	8	剩余电池电量
3	可拍摄静态影像的数目	9	软键
4	静态影像的纵横比	10	ISO感光度
5	静态影像的影像尺寸	11	曝光补偿
6	静态影像的影像质量	12	光圈值

序号	名 称
13	快门速度
14	笑脸快门
15	自动肖像构图
16	美肤效果（NEX-5T）/人脸检测（α7/α7R/α7S）
17	人脸检测
18	对焦模式
19	拍摄模式
20	测光模式
21	对焦区域模式
22	白平衡模式
23	DRO/自动HDR
24	创意风格
25	照片效果
26	SteadyShot/抖动警告
27	触摸操作状态
28	NFC激活状态
29	控制转盘
30	触屏快门ON/OFF开关
31	自动构图
32	锁定AF
33	数字水平量规
34	柱状图

51

3.3 熟记菜单结构使设置更快速 | 适用于全部机型 |

掌握相机菜单的结构会令设置更为便捷，有效提高拍摄速度和拍摄质量。NEX-5T相机与α系列相机的菜单结构和设置方法有很大不同，下面分别说明其结构。

NEX-5T相机的菜单共有7大项，分别是照相模式、相机、影像尺寸、亮度/色彩、播放、应用程序、设置。通过这些菜单，拍摄者可对各项参数进行设置，控制相机各项指标及拍后设置。

α系列相机菜单有6类，分别是拍摄设置、自定义设置、无线、应用程序、播放和设置。其菜单结构以顶部主菜单的各项目标签为初级菜单；其下以数字序号表示该项目类别，为二级菜单；各个序列号之下列有具体项目，为三级菜单；多数三级菜单下还设有项目。

NEX-5T相机的菜单设置界面

α系列相机的菜单设置界面

提示：
α系列相机的菜单可通过菜单设置呈现与曾经的NEX系列机型一致的结构。在设置时，只需在"设置2"菜单目录下，将"平铺菜单"设置为"开"即可。

3.4 掌握菜单的设置方法 | 适用于全部机型 |

虽然索尼微单机型的菜单结构各有不同，但其设置方法却是相同的。在设置菜单时，点按菜单按钮（NEX机型为软键A）即可调出菜单，通过点按控制拨轮的上、下、左、右方向键，选择需要设置的选项，按中央按钮确认，之后根据液晶屏上所提供的指示信息，选择选项，再次按下中央按钮确认即可。具体操作如下图所示。

NEX机型的操作方法

Step 1 选择项目菜单。
❶按软键A显示菜单设置界面。
❷利用控制拨轮或方向键选择需要设置的选项。
❸按控制拨轮的中央按钮确认。

Step 2 进入下一级菜单。
❶利用控制拨轮或方向键选择需要设置的选项。
❷按控制拨轮的中央按钮确认。

Step 3 弹出该选项的分类。
❶利用控制拨轮或方向键选择需要设置的选项。
❷按控制拨轮的中央按钮确认。

当进入到终极菜单后，有两种情况。一种情况是自动返回到上一级菜单，另一种情况是无法返回到上一级菜单，需要重新按下软键A。

还可通过按下Fn按钮，快速调出常用项目进行设置。

情况 1： 此为终极菜单，当设置完成后，菜单将自动返回到上一级。

情况 2： 当进入到类似此种设置界面时，按下确认按钮或软键A后，无法返回到原有菜单设置。如果想要回到之前的菜单设置，需要重新按下软键A。

Fn功能： 按下Fn按钮，显示如上图所示操作界面。
❶按控制拨轮的左、右方向键选择要设置的项目。
❷转动控制拨轮对该项目进行设置。

α机型的操作方法

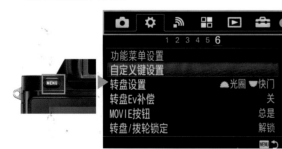  

Step 1 按下菜单按钮。

Step 2 显示菜单设置界面。
❶按左、右方向键选择菜单上方的图标。
❷利用控制拨轮或方向键选择需要设置的选项。
❸按控制拨轮的中央按钮确认。

Step 3 进入到下一级菜单。

当进入到终极菜单后，有两种情况。一种情况是自动返回到上一级菜单，另一种情况是无法返回到上一级菜单，需要重新按下菜单按钮。

情况1：此为终极菜单，当设置完成后，菜单将自动返回到上一级

情况2：当进入到类似此种设置界面后，无法返回到原有菜单设置。如果想要回到之前的菜单设置，需重新按菜单按钮

另外，还可通过按下Fn按钮，快速调出常用项目进行设置。

Step 1
① 按DISP按钮，使液晶屏显示为取景器以外的画面。
② 按下Fn按钮。

Step 2 显示Fn功能菜单。
① 按方向键选择需要设定的项目。
② 利用控制拨轮或方向键选择需要设置的选项。
③ 或者按控制拨轮的中央按钮。

Step 3 显示项目专用设定画面。

3.5 常用菜单的设置很重要 | 适用于全部机型 |

在设置菜单时，点按菜单按钮即可调出菜单，通过点按控制拨轮的上、下、左、右方向键，选择需要设置的选项，按中央按钮确认，之后根据液晶屏上所提供的指示信息，选择选项，再次按下中央按钮确认即可。具体操作如下。

■ 3.5.1 DISP按钮（液晶屏）控制显示功能

通过此菜单的设置，拍摄者可在拍摄模式中使用"显示内容"选定的画面显示模式。由于机型不同，其所能切换的显示画面数量不同，以NEX机型为最多，下面就以NEX-5T为例列表说明。

"DISP按钮（液晶屏）"选项

选　项	说　明
图形显示	显示基本拍摄信息。用图形表示快门速度和光圈值，在"照相模式"设为"扫描全景"或"3D扫描全景"时除外
显示全部信息	显示全部拍摄信息
大字体显示	以更大尺寸的图文仅显示主要项
无显示信息	不显示拍摄信息
数字水平量规	指示相机是否处于水平位置。当相机在两个方向上都处于水平位置时，指示会变为绿色
柱状图	以图形方式显示亮度分布情况
取景器	仅在画面上显示拍摄信息（没有影像），使用取景器拍摄时选择此项

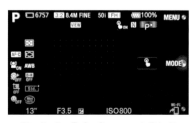

显示全部信息

图形显示

大字体显示

无信息显示

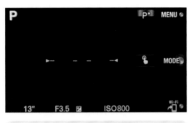

数字水平量规

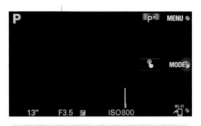

柱状图

取景器

■3.5.2 影像尺寸决定照片存储量

在NEX-5T相机中，此选项存在于"影像尺寸"菜单中，而在α系列机型中，存在于"拍摄设置1"菜单中。通过此项的设置，可决定拍摄后照片的尺寸大小。尺寸越大，则获得的图像细节越丰富，影像越细腻，同时文件体积也越大；尺寸越小，则获得的图像细节越少，影像越粗糙，同时文件体积也越小。使用相同容量的存储介质时，尺寸设置得越大，可存储的照片数量越少；尺寸设置得越小，则可存储的照片数量越多。下面以表格形式说明各影像尺寸及其大小，拍摄者可根据拍摄需要灵活设置。

"影像尺寸"分类（NEX-5T）
可利用上下方向键选择需要设置的选项，按中央按钮确认即可

机 型	纵横比	尺寸（像素）	文件量	用法指南
NEX-5T	3:2	4912×3264	L：16M	适合以最大A3+尺寸打印
		3568×2368	M：8.4M	适合以最大A3尺寸打印
		2448×1624	S：4.0M	适合打印最大A5尺寸
	16:9	4912×2760	L：14M	
		3568×2000	M：7.1M	适合在高清电视机上观看
		2448×1376	S：3.4M	
α5000	3:2	5456×3632	L：20M	适合以最大A3+尺寸打印
		3762×2576	M：10M	适合以最大A3尺寸打印
		2736×1824	S：5.0M	适合以最大L/2L/A4尺寸打印
	16:9	5456×3064	L：17M	
		3872×2176	M：8.4M	适合在高清电视机上观看
		2736×1536	S：4.2M	
α6000	3:2	6000×4000	L：24M	适合以最大A3+尺寸打印
		4240×2832	M：12M	适合以最大A3尺寸打印
		3008×2000	S：6.0M	适合以最大L/2L/A4尺寸打印
	16:9	6000×3370	L：20M	
		4240×2400	M：10M	适合在高清电视机上观看
		3008×1688	S：5.1M	
α7	3:2	6000×4000	L：24M	以最高影像质量拍摄影像
		3936×2624	M：10M	适合以最大A3+尺寸打印
		3008×2000	S：6.0M	适合打印最大A5尺寸
	"APS-C画幅拍摄"为"开"			
		3936×2624	L：10M	
		3008×2000	M：6.0M	
		1968×1312	S：2.6M	
	16:9	6000×3376	L：20M	
		3936×2216	M：8.7M	适合在高清电视机上观看
		3008×1688	S：5.1M	
	"APS-C画幅拍摄"为"开"			
		3936×2624	L：8.7M	
		3008×1688	M：5.1M	
		1968×1112	S：2.2M	

（续 表）

机 型	纵横比	尺寸（像素）	文件量	用法指南
α7R	3:2	7360×4912	L: 36M	以最高影像质量拍摄影像
		4800×3200	M: 15M	适合以最大A3+尺寸打印
		3680×2456	S: 9.0M	适合打印最大A5尺寸
	"APS-C画幅拍摄"为"开"			
		4800×3200	L: 15M	
		3680×2456	M: 9.0M	
		2400×1600	S: 3.8M	
	16:9	7360×3376	L: 30M	
		3936×2216	M: 13M	适合在高清电视机上观看
		3008×1688	S: 7.6M	
	"APS-C画幅拍摄"为"开"			
		4800×2704	L: 13M	
		3680×2072	M: 7.6M	
		2400×1352	S: 3.2M	

"影像尺寸"分类（α7/α7R/α7S/α5000/α6000）

3.5.3 影像质量用于设置图像存储

在NEX-5T相机中，此选项位于"影像尺寸"菜单中，而在α系列机型中，存在于"拍摄设置1"菜单。用于设置图像的存储格式。在此选项中共设四项：RAW（RAW）、RAW+J（RAW+JPEG）、FINE（精细）和STD（标准）。如果拍摄者对图像质量有较高要求，或需要对图像进行专业的后期处理，建议设置为RAW或RAW+J，不过图像的文件体积也会相应增大，建议使用大容量的存储卡；如果拍摄者对图像要求不是很高，则建议设置为JPEG格式。下面以表格形式对各项进行说明。

"影像质量"分类（NEX-5T）
可利用上下方向键选择需要设置的选项，按中央按钮确认即可

影像质量	说 明
RAW（RAW）	仅拍摄RAW图像，使用RAW压缩格式记录，保留图像的原始信息，利于图像的后期处理
RAW+J（RAW+JPEG）	同时获得RAW图像和JPEG格式的图像。使用RAW压缩格式记录，JPEG图像大小固定设为L。JPEG图像用于观看，RAW图像用于编辑
FINE（精细）	压缩为JPEG图像，压缩率为"精细"程度，保留图像较多细节。文件尺寸较小
STD（标准）	压缩为JPEG图像，压缩率为"标准"程度，保留图像细节少于"精细"，文件尺寸最小。如果不打算对图像进行后期处理，可设置为此项

"影像质量"分类（α7/α7R/α7S/α5000/α6000）

注意：
1. 当相机设置为"扫描全景"和"3D扫描全景"时，无法设置此项。
2. 无法对RAW图像添加DPOF（打印命令）注册。
3. 对于RAW和RAW+JPEG图像，无法使用"自动HDR"功能。

3.5.4 纵横比决定照片的构图

拍摄者可在"影像尺寸"菜单中设置静态影像的纵横比，一般为两项，3:2和16:9。其中，3:2是标准照片的纵横比例，最为常用；而16:9的比例适合在高清电视上查看。需要注意的是，在使用"扫描全景"和"3D扫描全景"功能时无法设置此项。

"纵横比"分类（NEX-5T）
可利用上下方向键选择需要设置的选项，按中央按钮确认即可

3:2的纵横比
能够在纵向空间表现更多景物

"纵横比"分类（α7/α7R/α7S/α5000/α6000）

16:9的纵横比
更适合表现景物的宽广

■ 3.5.5　丰富多彩的照片效果任君选择

在NEX-5T相机中，此项存在于"亮度/色彩"菜单中，而在α系列机型中，其存在于"拍摄设置4"菜单。通过此项可以设置照片的成像效果，有多种滤镜效果可供选择，下面以表格形式对各项进行说明。

选　项	说　明
关	不使用照片效果功能
玩具相机	可使画面的四角呈现暗角，表现独特的氛围，类似玩具相机、针孔相机拍摄的效果
流行色彩	强调画面色彩的整体色调，使景物的色彩表现更显生动真实
色调分离	着重强调原色或黑白色对比，使之呈现抽象的效果
复古照片	创建褐色色调，弱化照片的对比，使之呈现旧照片效果
柔光亮调	可得到如下氛围中的影调：明亮、透明、缥缈、轻柔、柔和
局部彩色	创建保留的特定色彩，将其他颜色转变为黑白色的影像
强反差单色	创建黑白色强反差图像
柔焦	令画面表现出柔和的光照效果，可根据需要设置效果强度
HDR绘画	表现出类似于油画的效果，增加色彩和细节。相机将释放三次快门，可根据需要设置效果强度
丰富色调黑白	得到类似于水墨画般的黑白照片效果，影调过渡呈渐变效果，细节丰富
微缩景观	可得到微缩模型般效果的照片，与移轴镜头拍摄出的效果类似
水彩画	为画面添加渗色和模糊效果，得到类似于水彩画般的效果
插画	画面的轮廓被增强，表现出类似插画的效果。可以用左、右方向键调整效果的强弱

"照片效果"项目（NEX-5T）

"照片效果"项目（α7/α7R/α7S/α5000/α6000）

关

玩具相机

流行色彩	色调分离	复古照片
柔光亮调	局部彩色	强反差单色
柔焦	HDR绘画	丰富色调黑白
微缩景观	水彩画	插画

■3.5.6 观看模式（静态/动态影像选择）决定回放方式

此选项存在于"播放"菜单中，用于设置照片回放模式及录制视频时的文件夹、模式。在NEX-5T相机中，其名称为"静态/动态影像选择"。

"静态/动态影像选择"项目（NEX-5T）

根据需要用上下方向键选择需要设置的选项，按中央按钮确认即可

其共有三项，下面以表格形式对各项进行说明。

选 项	说 明
文件夹视窗（静态影像）	按文件夹显示静态影像
文件夹视窗（MP4）	按文件夹显示动态影像（MP4）
AVCHD视窗	播放使用"文件格式"的AVCHD 60i/60p或AVCHD 50i/50p模式拍摄的动态影像

■3.5.7 网格线是构图的好帮手

一般情况下，在拍摄照片时应保持画面中地平线的水平，以使画面看起来更合理自然，这就需要在拍摄时保持相机水平。将"网格线"功能开启，可极大方便拍摄时的取景构图，尤其在拍摄水平或垂直特征明显的景物时，能够确保影像水平。此功能位于"设置"菜单中，下面以表格形式进行说明。

选 项	说 明
第三准则网格	将被摄体放置于三分线附近
方形网格	方形网格可更容易确认构图的水平程度，适合拍摄风光、特写及构图确认
对角+方形网格	利于使用对角线构图时安排主体位置
关	不显示网格线

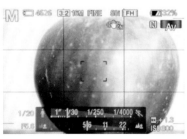

三等分线网格

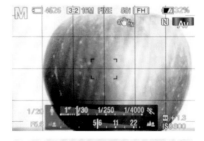

方形网格

58

"观看模式"项目（α7/α7R/α7S/α5000/α6000）

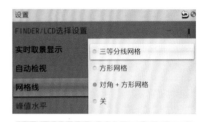

"网格线"项目（NEX-5T）
利用上下方向键根据需要进行设置，按中央按钮确定即可

"网格线"项目（α7/α7R/α7S/α5000/α6000）

◀ 此图拍摄者先利用"三等分线网格"确保湖面的水平，再利用垂直网格安排塔在画面中的位置，使画面构图完美

📷 机型：NEX-7　镜头：E PZ 16-50mm F3.5-5.6 OSS　快门速度：1/640秒　光圈：F5.6　感光度：200　焦距：25mm　白平衡：自动　曝光补偿：0EV

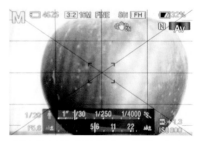

对角+方形网格

索尼微单
相机实际
操控

Chapter 04

在本章，我们将学习索尼微单系列相机的对焦、测光、驱动模式和白平衡的设置方法。通过这些知识的学习，拍摄者可更熟练地掌握相机操作方法，使拍摄更加随心所欲。在拍摄此图时，拍摄者采用单拍模式，并利用点测光功能确保主体曝光正常；自由点对焦模式的利用，使位于画面边缘的主体得到清晰表现；日光白平衡模式的利用，则更好地表现出主体的真实色彩。

机型：α6000　镜头：Vario-Tessar T* E 16-70mm F4 ZA OSS　快门速度：1/320秒
光圈：F8　感光度：200　焦距：70mm　白平衡：自动　曝光补偿：0EV

4.1 拍摄的第一步：了解曝光 | 适用于全部机型 |

在拍摄时，光圈、快门速度、感光度共同影响着曝光，称为曝光三元素。通过对这三项的细微调整，可得到不同的曝光值及拍摄效果。由于拍摄环境千变万化，我们在实际拍摄时也应更灵活地设置曝光参数，以保证拍摄的成功。在本节，我们将对光圈、快门速度、感光度在曝光中的作用及设置方法进行讲解。

■ 4.1.1 快门决定曝光时间

快门速度决定着快门帘幕从开启到闭合的时间，即照片的曝光时间。快门以秒（s）为单位，如1s、1/2s、1/60s、1/125s等，1s的快门时间长于1/2s，其曝光时间是1/2s的两倍。下面我们来了解一下快门的设定方法及其与亮度的关系。

快门速度的设置方法

快门速度并不是由快门释放按钮设置的。索尼NEX-5T和α6000的设置方法是一致的，α5000和α7/α7R/α7S的设置各有不同，下面分别对其进行说明。

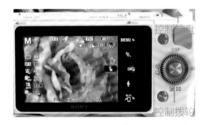

在NEX-5T、α6000等相机中，在S模式下旋转控制转盘调整快门速度，在M模式下旋转控制拨轮调整快门速度；在P模式下，通过旋转控制转盘调整光圈快门组合

使用α5000相机时，在P、S模式下，均通过旋转控制拨轮调整曝光组合、快门速度。而在M模式下，则需先按下方向键选择快门速度选项，之后通过旋转控制拨轮来设置

使用α7/α7R/α7S机型时，在P、S、A模式下，通过转动前、后转盘，可以立即改变照相模式所需的设置。而在M模式下，设置快门速度用后转盘设置

快门与亮度

快门速度是指快门从开启到闭合的时间。其开启时间越长，则进入镜头的光量就越多，画面就越亮。相应的，快门开启的时间越短，则进入镜头的光量就越少，画面越暗。由此可见，快门速度影响着曝光结果。根据这个原理，我们可根据照片的曝光需要，设置快门速度。

其他参数相同，快门速度为1/100s

其他参数相同，快门速度为1/200s

▲ 上面两图表现了同一场景，除快门速度外，其他拍摄参数是一样的。从两图可看出，当以1/100s的快门速度拍摄时，画面亮度较高；而以1/200s快门速度拍摄时，画面的亮度则明显暗了许多

快门速度与影像清晰度

快门速度还决定着运动中被摄体的清晰程度。在对以同一速度运动的相同被摄体进行拍摄时，快门开启时间越短，快门速度越快，则画面中处于运动的被摄体的影像越清晰；快门开启时间越长，相应的快门速度越慢，画面中的运动对象的影像越模糊，并使画面产生动感。由此可知，快门速度应根据拍摄意图灵活设定。

其他参数相同，快门速度为 1/100s　　　左图局部放大图　　　其他参数相同，快门速度为 1/3200s　　　左图局部放大图

▲ 我们可从上面两图中更为清晰地了解快门速度对于捕捉运动中主体影像的影响。上面两图拍摄的是同一运动中的被摄体。通过局部放大图可以看出，由于快门速度设定的不同，拍摄者采用1/100s快门速度拍摄时，被摄者的手部成像模糊；而快门速度设为1/3200s时，被摄者成像清晰

📷 机型：NEX-6　镜头：E PZ 16-50mm F3.5-5.6 OSS　快门速度：1/640秒　光圈：F9　感光度：200　焦距：20mm　白平衡：自动　曝光补偿：0EV

◀ 在拍摄左图街景时，大街上的行人及汽车全部处于运动状态，拍摄者设置了高速快门以凝固动态画面。画面影像清晰，表现出当地的风土人情

📷 机型：α7R　镜头：Vario-Tessar T* FE 24-70mm F4 ZA OSS　快门速度：1/4秒　光圈：F7.1　感光度：500　焦距：35mm　白平衡：自动　曝光补偿：0EV

▶ 右图拍摄者在拍摄启动的地铁时，为表现其动感之态，采用低速快门。在P模式下，相机自动调整光圈，以保证曝光的合理。画面中，地铁内的建筑清晰，而行动中的列车影像形成动感模糊的效果。通过动静对比，画面动感十足

■ 4.1.2 光圈控制镜头进光量

光圈存在于镜头中，是由若干金属叶片组成的大小可调的光孔。虽然光圈在镜头上，但是在大部分镜头中，是由机身来控制光圈的。光圈以F表示，光圈系数等于焦距与光孔直径之比。F数值越小，表示光圈所开光孔越大，称为大光圈；而F数值越大，则表示光圈所开光孔越小，称为小光圈。光圈系数排列顺序一般为F1、F1.4、F2、F2.8、F4、F5.6、F8、F11、F16、F22、F32、F45、F64。

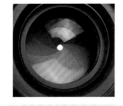

镜头上的光圈

F2

F2.8

F4

F5.6

F8

F11

F16

F22

光圈示意图

光圈值的设置方法

曝光模式不同，光圈的设置方法也不同。在索尼微单相机中，自动及场景模式、程序自动、快门优先模式中，光圈是由相机自行设置的；而在光圈优先及手动模式下，则由拍摄者手动设置。下面对光圈的设定进行讲解。

在NEX-5T、α6000等机型中，在P模式下，旋转控制转盘设置曝光组合，在A、M模式下，旋转控制转盘调整光圈值

使用α5000相机时，在P、A模式下，通过旋转控制拨轮调曝光组合、光圈值。而在M模式下，则需先按下方向键选择光圈值选项，之后通过旋转控制拨轮来设置

使用α7/α7R/α7S机型时，在P、S、A模式下，通过转动前、后转盘，可以立即改变照相模式所需的设置。而在M模式下，设置光圈时用前转盘设置

光圈与亮度

光圈的大小决定着进入镜头的光线量，起着调节画面亮度的作用。光孔开得越大，进入镜头的光线越多，画面越亮；光孔开得越小，进入镜头的光线越少，画面越暗。通过调整光圈可达到平衡、调节画面亮度的目的。一般情况下，当拍摄环境光线充足时，应设置较小的光圈，以免画面过曝；而如果拍摄环境照度较低，则可设置较大的光圈以提高画面亮度。

其他参数相同，光圈值为F4.5

其他参数相同，光圈值为F6.3

▲ 从上面两图可以看出，当设置较大的光圈（F4.5）时，进入镜头的光量较多，画面较亮；当光圈缩小至F6.3时，进入镜头的光量变少，画面较暗

■ 4.1.3 曝光不可或缺的元素：感光度

感光度是指感光元件感知光线的敏感程度，以ISO表示。ISO每提高一级，感光元件对光线的敏感程度就增加一倍。当拍摄环境的光线较暗时，可通过设置较高的感光度来达到提高画面亮度的目的。

感光度的设置方法

在索尼微单相机中，感光度的设置方法有两种途径：一为通过机身设置感光度数值；另一种为通过菜单中的"ISO"选项进行设置。

NEX-5T、α5000、α6000旋转控制拨轮可设置感光度

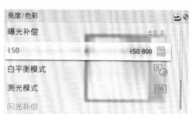

NEX-5T中，ISO设置存在于"亮度/色彩"菜单中的"ISO"选项中

在α7/α7R/α7S中，需要通过菜单设置感光度

感光度与亮度

我们同样可利用感光度来调节画面亮度。一般而言，在光线充足的晴天，感光度不必设得很高，在ISO100~ISO200之间为宜；而当拍摄环境光线不足（如阴天、晨昏、室内）时，则需要设置较高感光度。

感光度为ISO400，其他拍摄参数相同，画面亮度适中

感光度为ISO200，其他拍摄参数相同，画面较暗

感光度与画质

一般来说，感光度可分为以下几个阶段：ISO50~ISO200为低感光度，ISO200~ISO800为中感光度，ISO800以上为高感光度。当环境亮度适宜时，宜设置中低段感光度，以使画面噪点较少，保证画质。如果将感光度设置为高感光度，画面噪点就会明显增多，以至严重影响画质。所以，如果没有特别的拍摄需要，应尽量避免设置此范围内的感光度。从下面的局部画面可以看出，当感光度在ISO100~ISO800时，画面几乎没有噪点，画质较好；而当感光度为ISO1600时，画面噪点明显，但数量较少，对画质影响较小；至ISO6400时，画面噪点明显增多，影响画质表现。

原图

ISO800截取部位放大效果

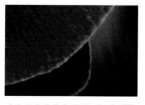

ISO1600截取部位放大效果

ISO6400截取部位放大效果

ISO12800截取部位放大效果

4.2 掌握曝光模式 | 适用于全部机型 |

由于索尼微单相机的机型不同，其曝光模式也不尽相同。其中，α7/α7R/α7S曝光模式的设定更为专业化。索尼微单相机的曝光模式分为三类：智能自动、场景选择、高级模式。下面，我们将对曝光模式的设置方法，以及各个曝光模式的特点及其适用范围进行详细讲解。

■4.2.1 曝光模式的设置方法

索尼微单相机的曝光模式设置方法有两种：在一些机型中（如NEX-5、α5000），需在"照相模式"菜单中选择相应选项；而在一些相机（如α7系列）上，则可通过旋转"模式旋钮"进行直观地设置。

Step 1 在菜单中选择"照片模式"。

Step 2 旋转控制拨轮选择曝光模式。

在α6000、α7、α7R、α7S中，旋转模式旋钮直接设置曝光模式

■4.2.2 智能自动：乐得清闲

在"智能自动"模式下，相机会根据被摄体及现场环境特点，自动进行分析，设置相应场景模式并拍摄。相机可识别场景为：夜景、三脚架夜景、夜景肖像、背光、背光肖像、肖像、风景、微距、聚光灯、弱光或婴儿。即使相机未识别出场景，也可以拍摄，非常方便。

智能自动模式（NEX-5T）

自动模式（α6000/α7系列）

📷 机型：α5000 镜头：E 55-210mm F4.5-6.3 OSS
快门速度：1/500秒 光圈：F8 感光度：320
焦距：85mm 白平衡：自动 曝光补偿：0EV

◀ 左图是以"智能自动"模式拍摄的。相机根据取景信息，以"风景"场景的设置进行拍摄，使画面的色彩及景物的清晰度得到较好表现

小常识：
1. 当"人脸检测"设为"关"时，在"智能自动"模式下，无法识别"肖像""背光肖像""夜景肖像"和"婴儿"场景。
2. 除了"智能自动"，还可设置"增强自动"功能，相机将使用比"智能自动"模式更广泛的拍摄功能（如自动HDR）。在"增强自动"模式下，相机根据所识别的场景连续拍摄并创建复合影像。这可以让相机自动进行背光补偿和降噪，还能获得比"智能自动"更高画质的影像。不足之处在于，其记录、处理影像所需时间较长。

■4.2.3 场景选择：各具特色

在索尼微单相机中，"场景选择"模式包括"肖像""风景""微距""运动""黄昏""夜景肖像""夜景""手持夜景"和"动作防抖"等。拍摄者可根据拍摄场景的情况选择拍摄模式，随后相机会根据所选场景自动进行优化设定。当需要对某一场景快速取景拍摄，或拍摄者对于相机的操作较为陌生时，可优先选择此种曝光模式。根据不同的拍摄环境，相机设置了不同场景模式，下面我们就来简单了解一下这些场景模式。

照相模式

场景选择

选择适合所要拍摄被摄体和环境的模式。

场景选择（NEX-5T）　　　场景选择
（α6000/α7
系列）

肖像

此模式是根据人像摄影的特点而设置的，可使被摄者的肤色红润，肤质得到较好表现。并且在此种模式下，相机会设置较大的光圈值，以得到背景虚化、主体突出的画面效果，从而使被摄者得到突出表现。

风景

此种拍摄模式是根据风光摄影的特点而设置的。相机会设置较小的光圈，并提高色彩、明暗的对比度。使用此种模式拍摄的风景画面，天空更蓝、植物的色彩更鲜艳，能够较好地表现出风光所独具的神韵。

📷 机型：NEX-6　镜头：E 18-200mm F3.5-6.3 OSS　快门速度：1/160秒
光圈：F6.3　感光度：160　焦距：60mm　白平衡：自动　曝光补偿：0EV

▲ 上图是以"肖像"场景模式拍摄的。人物主体清晰，背景简洁，使人像得到突出表现

📷 机型：NEX-5T　镜头：E PZ 16-50mm F3.5-5.6 OSS　快门速度：1/200秒
光圈：F8　感光度：100　焦距：35mm　白平衡：自动　曝光补偿：0EV

▲ 上图是以"风景"场景模式拍摄的。画面中较大范围内的景物成像清晰，色彩明丽

微距

此模式下，相机会自行设置较大的光圈，使较小的被摄体更为清晰而突出。适合表现花卉、昆虫、食品及小静物等。

📷 机型：NEX-5T　镜头：E PZ 16-50mm
F3.5-5.6 OSS　快门速度：1/200秒　光圈：F8
感光度：100　焦距：50mm　白平衡：自动
曝光补偿：0EV

▶ 右图拍摄者以"微距"场景模式拍摄，得到近距离内主体清晰、背景虚化的效果

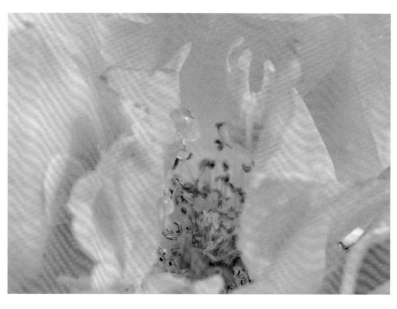

运动

此模式可用于拍摄动态被摄体，此模式下相机将以较高的快门速度定格动态画面。在按下快门释放按钮期间，相机将连续拍摄影像。

黄昏

在日出和日落时分，光线色温低，令景物蒙上一层暖橙色调。黄昏模式就是根据黄昏特点而设置的，使用此模式即可如实再现日出或日落时特有的暖橙色调。

📷 机型：α6000　镜头：Vario-Tessar T*E 16-70mm F4 ZA OSS　快门速度：1/500秒
光圈：F8　感光度：200　焦距：35mm　白平衡：自动　曝光补偿：0EV

▲ 上图以"运动"场景模式拍摄。相机自动对焦于处于运动中的主体，以预设的高速快门捕捉骑车儿童的清晰影像

📷 机型：α7　镜头：FE 70-200mm F4 G OSS　快门速度：1/320秒
光圈：F8　感光度：800　焦距：200mm　白平衡：自动　曝光补偿：0EV

▲ 上图是以"日落"场景模式拍摄的。日落时的暖色调得到如实再现

夜景肖像

此模式针对夜景的特点，由相机自行设置大光圈及较高的感光度，延长快门释放时间，自动使用闪光灯，使拍摄对象与背景之间达到自然平衡，保证正常曝光。建议使用此模式拍摄时使用三脚架固定相机。

📷 机型：α7　镜头：Vario-Tessar T*FE 24-70mm F4 ZA OSS　快门速度：1/60秒
光圈：F4　感光度：800　焦距：24mm　白平衡：自动　曝光补偿：0EV

▼ 下图是使用"夜景肖像"模式拍摄的。在拍摄时，叮嘱模特姿势保持较长时间，相机自行设置大光圈、提高感光度和降低快门速度，从而得到曝光合理、光影自然的人像

夜景

在此模式下拍摄夜景，能够如实再现夜景的暗黑氛围。适合拍摄包含路灯和霓虹灯的夜景画面。

机型：α6000　镜头：Vario-Tessar T* E 16-70mm F4 ZA OSS
快门速度：1/80秒　光圈：F8　感光度：800　焦距：35mm　白平衡：自动
曝光补偿：0EV

▼ 下图是以"夜景"场景模式拍摄的，得到了较高的快门速度。画面的噪点不明显，远方灯光形成虚化的光斑，表现出夜晚的梦幻与美好

手持夜景

在夜间拍摄时，此模式能够在不使用三脚架的情况下，减少夜景画面中的噪点和手振现象，保证画质。在拍摄时，相机将连续拍摄并得到一张照片。在手持夜景模式下，如果"影像质量"设置为RAW或RAW&JPEG，影像质量将暂时变为"精细"。

机型：α7　镜头：Sonnar T* FE 35mm F2.8 ZA
快门速度：1/60秒　光圈：F3　感光度：200
焦距：35mm　白平衡：自动　曝光补偿：0EV

◀ 在拍摄左图时，由于博物馆内光线昏暗，且手持相机拍摄，为得到画质优异的照片，拍摄者采用"手持夜景"场景模式拍摄。相机连续拍摄，得到一张合成后的照片。从效果来看，画面的噪点十分不明显，画质细腻，被摄主体的光色得到较好的表现

注意：
以下情况即使使用"手持夜景"模式，拍摄后的影像依然会有模糊现象：被摄体的移动方向不确定；被摄体离相机太近；被摄体具有重复图案；以及被摄体对比度板小

■4.2.4 手动模式：随心所欲

当环境光线复杂，无法利用其他拍摄模式来表现画面效果时，可选择M模式。在此模式下，相机参数均由拍摄者自行设置，十分适合对相机操作、拍摄原理十分熟悉，拍摄经验丰富的拍摄者。此模式由拍摄者自行掌控相机，拍摄者拥有相对自由的拍摄空间，因此易得到更符合创作意图的摄影作品。

照相模式

手动曝光
手动调节光圈和快门速度。

手动模式（NEX-5T）

手动模式（α6000/α7系列）

机型：α6000　镜头：E 55-210mm F4.5-6.3 OSS　快门速度：1/160秒　光圈：F7.1　感光度：1600　焦距：200mm　白平衡：自动　曝光补偿：0EV

◀ 左图拍摄者以手动模式拍摄，在室内光线较暗的环境下，为了提高快门速度，将感光度提高至ISO 1600，从而获得了主体清晰的画面

在手动曝光模式下还可选择B门模式，此模式能够进行长时间曝光，多用于拍摄夜景车流、烟花等。NEX-5和、α5000、α6000机型中，在手动模式下，逆时针旋转控制拨轮，设置快门速度为BULB；在α7/α7R/α7S相机中，旋转后转盘直至出现BULB，半按快门按钮进行对焦，即可进入B门模式。在完全按下快门按钮期间，快门将保持开放状态，释放快门按钮完成拍摄。在进行B门拍摄时，应使用三脚架固定相机。

B门模式（NEX-5T）

注意：

1. 拍摄者可使用无线遥控器触发BULB拍摄。

2. 随着曝光时间的延长，照片上的噪点增多。

3. 当拍摄完成后，相机需要对图像进行降噪处理，所需时间与曝光时间相等，在降噪期间，相机无法进行第二次拍摄。

4. 当"笑脸快门"或"自动HDR"功能激活时，无法使用B门。

机型：α6000　镜头：Vario-Tessar T* E 16-70mm F4 ZA OSS　快门速度：10秒　光圈：F18　感光度：100　焦距：16mm　白平衡：自动　曝光补偿：0EV

◀ 左图是采用B门曝光拍摄的。在拍摄之前，拍摄者事先将相机固定在三脚架上，设置小光圈与低感光度，半按快门对焦后，完全按下快门按钮完成拍摄。在长时间的曝光设置下，发光的大桥在暗蓝夜幕的衬托下更显雄伟和辉煌

■ 4.2.5 快门优先：捕捉决定性瞬间

在快门优先模式中，拍摄者可根据被摄体的运动情况，自行设置快门速度，而由相机根据现场环境光线情况，自行设置最佳光圈值。此模式多用于拍摄运动画面：如果设置高于主体运动速度的快门速度，可得到运动主体清晰的影像；若设置低于主体运动速度的快门速度，则可得到运动主体影像模糊的画面，从而表现出动感。

照相模式

快门优先
手动调节快门速度以实现移动被摄体的不同效果。
较快速度可产生定格效果。
较慢速度可拍摄到运动轨迹。

快门优先（NEX-5T）

快门优先模式（α6000/α7系列）

▲ 上图拍摄者以快门优先模式拍摄，设置高速快门以捕捉汽艇驶过的瞬间。相机根据快门速度自行设置相应的光圈值，既保证了影像清晰，又确保了画面曝光正常

📷 机型：α6000　镜头：E 55-210mm F4.5-6.3 OSS　快门速度：1/2000秒　光圈：F6.3
感光度：200　焦距：200mm　白平衡：自动　曝光补偿：0EV

注意：
当现场环境光线不足时，即使设备较慢的快门速度和较高的感光度，有时也无法保证高速快门拍摄，因此在拍摄时一定要考虑到现场环境的照明情况，否则可能会影响画面亮度

69

📷 机型：α7R　镜头：Vario-Tessar T* FE 24-70mm F4 ZA OSS　快门速度：1/13秒
光圈：F5.6　感光度：1000　焦距：24mm
白平衡：自动　曝光补偿：0EV

▶ 右图拍摄于地铁车厢，光线较暗。为了表现动静对比，拍摄者设置低速快门，令动态的女孩影像产生动感模糊。结合广角镜头所产生的透视效果，令画面更具张力

注意：
1. 在快门优先模式下，无法在"闪光模式"中选择"禁止闪光"和"自动闪光"。如果需要内置闪光灯补光，应事先按下闪光灯弹出按钮，将闪光灯弹出。无需使用内置闪光灯补光时，则不必弹出闪光灯。
2. 当快门速度设置为1秒及其以上时，需要使用与曝光时间等长的时间对影像进行降噪处理。在降噪期间无法进行拍摄。
3. 如果快门速度设置不当，在按下快门按钮一半时，光圈值会闪烁。此时需要重新设置参数，但即使不重新设置，相机仍然能够拍摄照片

■ 4.2.6 光圈优先：控制背景表现

在光圈优先模式下，由拍摄者根据拍摄主题来设置光圈值，然后由相机设置最佳快门速度。此模式常用于拍摄静态主体，如花卉、静物、人像等。当设置为大光圈时，拍摄者可得到主体清晰、背景虚化的照片，从而起到突出主体、简洁画面的作用；设置为小光圈时，则会得到主体与背景皆清晰的画面，可表现画面的立体空间，常用于风光、新闻摄影等。

照相模式

光圈优先
调节光圈以改变对焦范围和背景模糊程度。
小值使前后模糊，大值使背景对焦。

光圈优先（NEX-5T）

光圈模式（α6000/α7系列）

◀ 左图是采用光圈优先模式拍摄的。为突出主体花卉，拍摄者设置较大的光圈，使主体之外的景物虚化，从而使清晰对焦的小花得到突出

70

■ 机型：α6000　镜头：E 55-210mm F4.5-6.3 OSS　快门速度：1/800秒　光圈：F4.5　感光度：200　焦距：60mm　白平衡：自动　曝光补偿：+1EV

■ 机型：α7R　镜头：Vario-Tessar T* FE 24-70mm F4 ZA OSS　快门速度：1/160秒　光圈：F13　感光度：100　焦距：24mm　白平衡：自动　曝光补偿：0EV

▲ 在拍摄上图时，为细腻表现景物，拍摄者设置了较小的光圈，使景物得到细腻表现。在广角镜头的表现下，取景范围广，表现出海景的辽阔

4.2.7 程序自动：拍摄成功的保证

此模式中，光圈和快门速度是由相机根据现场环境的亮度自行设置的。在大多数情况下，都能得到最佳曝光。由于其设置简单，不必对参数另行设置，十分适合初学者使用。另外，也可用在临时抓拍时，由相机自行设置参数，拍摄者只需取景即可。

在此模式下进行测光时，通过调整控制转盘（α7系列）或控制拨轮（NEX-5T、α5000、α6000）可选择不同的快门组合，此时，拍摄模式图标由P变为P*，这被称之为"程序转换"。如此，可使曝光组合中的参数设置更加灵活，更满足拍摄者的实际拍摄需求。

程序自动（NEX-5T）

程序自动模式（α6000/α7系列）

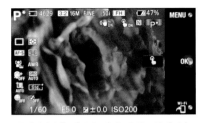

程序转换（NEX-5T）

机型：α6000 镜头：E 55-210mm F4.5-6.3 OSS
快门速度：1/80秒 光圈：F5 感光度：1000
焦距：60mm 白平衡：自动 曝光补偿：0EV

◀ 左图是采用程序自动模式拍摄的。为使前景的花朵得到细腻表现，拍摄者通过调整曝光组合，使光圈变大，提高快门速度，既保证了低光照下手持拍摄时图像的清晰度，又使主体突出于画面。较大光圈的设置，令背景幻化为点点光斑，提升了画面的美感

注意：
在程序自动模式下，无法在"闪光模式"中选择"禁止闪光"和"自动闪光"。如果需要内置闪光灯补光，应事先按下闪光灯弹出按钮，将闪光灯弹出。

对于初学者而言，可通过此模式对光圈及快门的设置进行尝试性拍摄，了解不同设置对画面的影响。下组图即为使用此模式进行程序转换后拍摄的实例。

快门速度：1/100秒 光圈：F5.6

▲ 光圈大，曝光时间短，主体突出，背景虚化

快门速度：1/6秒 光圈：F22

▲ 光圈小，曝光时间长，主体及背景皆清晰，显得较为杂乱

4.3 决定曝光的操作：测光 | 适用于全部机型 |

在拍摄照片之前，相机会自动进行测光，从而获得画面亮度适宜的曝光组合，以帮助拍摄者决定画面的曝光量。由此可见，测光模式十分重要，决定着画面最终的明暗效果。在索尼微单系列机型中，测光模式分为三种：多重、中心和点测光。在本节，我们将对测光模式的设置方法及其各自表现进行讲解。

■ 4.3.1 测光模式的设置方法

在拍摄之前，应根据创作需要对测光模式进行设定。具体设置方法如下所示。

NEX-5T的设置方法

 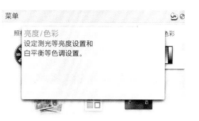 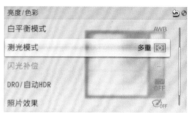

Step 1 按下软键A。　　　　　　　Step 2 在菜单中选择"亮度/色彩"。　　　　Step 3 在"亮度/色彩"中选择"测光模式"。

α5000/α6000/α7/α7R/α7S的设置方法

Step 1 按下菜单按钮。　　　　　　Step 2 在"拍摄设置4"菜单中选择"测光模式"并进行设置。　　　Step 3 选择测光模式。

■ 4.3.2 多重测光使画面整体曝光更合理

多重测光适用于大多数拍摄情况，测光准确率高，无需用户过多地调整曝光，可节省准备拍摄的时间。在此模式下，相机将整个画面分割为多个区域，然后对各个区域进行测光，并确定画面整体亮度。此测光模式是最为普遍的，常用于风光等大场景的拍摄。

◀ 在表现类似左图这种大范围取景的风光画面时，多采用多重测光模式对整体画面进行测光，可使画面色彩亮度表现更统一，得到整体感强的画面效果

📷 机型：α7R　镜头：FE 70-200mm F4 G OSS　快门速度：1/2500秒　光圈：F4　感光度：200
焦距：200mm　白平衡：自动　曝光补偿：0EV

■ 4.3.3　中心测光侧重于中央主体

此测光模式测量画面的平均亮度，偏重于取景器中央区域测光。当主体在画面中央时，我们可以利用此测光模式，得到主体曝光准确并兼顾整体画面亮度的照片。常用于人像、静物、建筑、花卉等题材。

▶ 右图是采用中心测光模式拍摄的。在画面中，主体占据画面大部分，且位于画面中央，此种测光模式使主体得到准确的曝光，且照顾到主体之外景物的亮度表现，使画面曝光更为合理

📷 机型：α7R　镜头：Vario-Tessar T* FE 24-70mm F4 ZA OSS　快门速度：1/200秒　光圈：F9　感光度：200　焦距：60mm　白平衡：自动　曝光补偿：0EV

■ 4.3.4　点测光强调主体曝光

此模式仅测量取景画面的中央区域，当现场环境光线较为复杂，或者主体与背景光线亮度存在较大差异时，十分实用。常用于拍摄人像题材等。

▶ 由于右图是在雪地中拍摄的，为避免雪的反光导致画面欠曝，拍摄者采用点测光模式拍摄。在拍摄时以雪地为测光点，并设置+1EV的曝光补偿，锁定测光后，平移相机进行二次构图，完成拍摄

📷 机型：NEX-6　镜头：E PZ 16-50mm F3.5-5.6 OSS　快门速度：1/80秒　光圈：F16　感光度：200　焦距：20mm　白平衡：自动　曝光补偿：0EV

注意：

当使用以下功能时，即使设置为"中心"或"点测光"模式，相机的测光模式仍将选择"多重"：动态影像拍摄、智能自动、增强自动、场景选择、相机的"变焦"功能和笑脸快门。

4.4 曝光补偿用于修正测光数据 | 适用于全部机型

曝光补偿是指当相机自动测光后，如果效果不符合拍摄者的创作意图，拍摄者可对曝光量进行增减调整，以使照片更亮或更暗。在相机默认设置下，正补偿可使照片变得更亮，负补偿可使照片变得更暗，具体设置如下所示。

NEX-5T的设置方法

Step 1 在菜单中选择"亮度/色彩"。

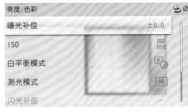

Step 2 选择"曝光补偿"。

Step 3 曝光补偿设置界面。

曝光补偿：0EV

曝光补偿：+2EV

曝光补偿：-2EV

α5000/α6000/α7/α7R/α7S的设置方法

Step 1 在"拍摄设置3"菜单中选择"曝光补偿"项目。

Step 2 打开"曝光补偿"设置界面。

Step 3 利用左、右方向键进行调整。

注意：
1. 在使用以下功能时无法调整曝光补偿："智能自动""场景选择"和"手动曝光"。
2. 拍摄视频时，曝光补偿在-2EV～+2EV范围内。
3. 如果在极亮或极暗的条件下拍摄被摄体，或使用闪光灯拍摄时，可能无法获得满意的效果。
4. 在"快门优先""光圈优先""程序自动""动作防抖""扫描全景"或"3D扫描全景"模式下，可在单个画面上更改曝光补偿值。

4.5 曝光锁定使拍摄更方便 | 适用于全部机型

由于中央测光和点测光的测光位置在取景器的中央，但通常合适的测光点并不在画面中央，如此就得不到合理的曝光。因此，我们可使用曝光锁定功能，在完成测光及设置完曝光补偿后锁定曝光量。在拍摄时，半按快门即可锁定曝光，而在 α 7/ α 7R/ α 7S机型中，还可通过AF/MF/AEL切换杆对曝光锁定进行设置，具体设置方法如下。

Step 1 对玻璃厅对焦。

Step 2 将AF/MF/AEL切换杆设为AEL。

Step 3 在按下AEL按钮的状态下，对焦于想要拍摄的被摄体并对焦。

◀ 在拍摄此图时，采用逆光照明，由于背景亮于主体，为使主体得到较好曝光，拍摄者事先对主体进行测光。但是，如此则主体势必处于画面中央，不符合拍摄者的构图要求。因此，拍摄者利用了相机的曝光锁定功能，先对主体测光并锁定，之后重新构图并拍摄，得到了构图与曝光均理想的画面

📷 机型：α 7R　镜头：Vario-Tessar T* FE 24-70mm F4 ZA OSS　快门速度：1/800秒
光圈：F5　感光度：160　焦距：35mm
白平衡：自动　曝光补偿：0EV

小常识：
白加黑减：由于物体的色彩、材质不同，其反光率也不同。当对被摄体进行测光时，某些被摄体会对以18%为测光基准的相机造成误导，从而导致曝光错误。如在拍摄白色物体时，由于其反光率高达96%，相机自动测光后会认为环境光线过亮，而自行降低曝光值，导致拍摄后的照片曝光不足；而在拍摄黑色物体时，其反光率为2%左右，相机在自动测光后会认为环境光线过暗，而自动提高曝光值，导致拍摄后的照片曝光过度。遇到这种情况时，我们应采用"白加黑减"的曝光原则来调整曝光补偿。即，在拍摄白色或浅亮事物时，应进行正曝光补偿；而在拍摄深暗色事物时，则应进行负曝光补偿，以使被摄体得到正常表现。

灰板的反光率为标准的18%灰。拍摄之前可先对灰板进行测光，以得到较为准确的曝光

注意：
在使用 α 7/ α 7R/ α 7S相机时，要注意以下事项。
1. 在曝光值保持一定的状态下连续拍摄时，拍摄后也应该按住AE锁定按钮，否则曝光固定将被取消。
2. 将"自定义设置"菜单中的"AF/MF按钮"设置为"AE锁定切换"，不按按钮也能维持变更后模式。
3. 当被摄体与背景之间的亮度对比较大时（如逆光拍摄），可将曝光锁定在适当的亮度位置。如表现较暗的画面亮度，可将曝光锁定在比被摄体亮的位置；较亮的画面效果，则可将曝光锁定在比被摄体暗的位置。

4.6 ▷ 决定影像清晰度：对焦

在测光完成后，接下来就是对焦操作，对焦影响着主体的清晰程度。由于被摄体的动静姿态不同，拍摄者在对焦时就应根据被摄体的状态来选择合适的对焦模式。索尼的对焦模式分为两大类：自动对焦和手动对焦，下面我们就分别来了解这些对焦模式的操作方法及适用范围。

■ 4.6.1 自动对焦设置 | 适用于全部机型 |

由于机型不同，NEX-5T与α5000/α6000/α7/α7R/α7S机型的自动对焦设置方法稍有不同。在NEX-5T中，需要先设置"AF/MF选择"选项，选择对焦模式，之后选择自动对焦模式。

而α5000/α6000/α7/α7R/α7S机型仅需在"对焦模式"选项中设置即可。下面分别对其设置方法进行讲解。

NEX-5T的设置方法

Step 1 在"相机"菜单中选择"AF/MF选择"项目。

Step 2 选择"自动对焦"选项。

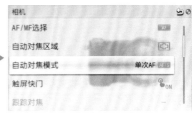

Step 3 选择"自动对焦模式"选项。

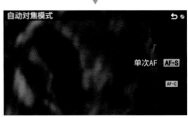

Step 4 选择相应选项。

在"AF/MF选择"选项中共有三项可供选择，分别为AF（自动对焦）、DMF、MF（手动对焦）三种，下面以表格形式说明其各项功能。

选 项	说 明
AF（自动对焦）	自动对焦（固定为"单次AF"）
DMF	在自动对焦后，手动微调对焦（直接手动对焦）
MF（手动对焦）	手动调节对焦，左右转动对焦环，使被摄体看起来更清晰

α5000/α6000/α7/α7R/α7S的设置方法

Step 1 在"拍摄设置"2菜单中选择"对焦模式"项目。

Step 2 选择相应选项。

在自动对焦模式下，有两种模式可供选择：AF-S（单次对焦）和AF-C（连续对焦）。下面列表对其说明。

选 项	说 明
AF-S（单次对焦）	半按快门按钮合焦时，焦点固定在该位置
AF-C（连续对焦）	半按快门按钮期间，相机持续对焦。在合焦时不发出电子音，且无法锁定对焦

■4.6.2 选择合适的自动对焦模式 | 适用于全部机型

被摄体并不都是处于静止状态的，我们应根据被摄体的不同状态，选择与之相适应的对焦模式。其中AF-S模式适合拍摄静态对象，AF-C模式则适合拍摄动态对象。

注意：
1. "单次AF" 在进行以下功能操作时可以使用：智能自动、自拍、遥控器、场景选择（运动除外）、动作防抖、扫描全景、3D扫描全景和笑脸快门。
2. 选择 "运动场景选择模式" 时可使用 "连续AF" 模式。
3. 在 "连续AF" 模式中，当被摄体处于对焦状态时，没有合焦提示音。

自动对焦模式设置界面（NEX-5T）

对焦模式设置界面（α5000/α6000/α7/α7R/α7S）

▶ 在拍摄静态画面时，拍摄者采用AF-S模式，以自由点对焦于前方的自行车，对焦方法合理，拍摄更为从容

📷 机型：NEX-5T　镜头：E PZ 18-105mm F4 G OSS　快门速度：1/1000秒　光圈：F5.6　感光度：1000
焦距：100mm　白平衡：自动　曝光补偿：0EV

▲ 在拍摄上图行走的长颈鹿时，拍摄者将 "自动对焦模式" 设置为AF-C，结合多重对焦，半按快门对主体连续对焦，使移动中的主体得到清晰定格

📷 机型：α6000　镜头：E 35mm F1.8 OSS　快门速度：1/400秒　光圈：F4　感光度：200
焦距：35mm　白平衡：自动　曝光补偿：0EV

■ 4.6.3 对焦区域 | 适用于全部机型 |

自动对焦模式由相机自行根据被摄体的动态而进行对焦，是一种最为常用的对焦模式。其对焦速度快而准，可帮助拍摄者快速捕捉到转瞬即逝的画面，因而在绝大多数情况下，多选择此种对焦模式。在静态拍摄模式下，半按快门按钮时，对焦框显示为绿色。在索尼NEX-5T机型中，自动对焦区域模式有三种：多重模式、中心模式、自由点。在α5000/α6000/α7/α7R/α7S等机型中则有四种模式：广域、区、中间和自由点。首先，我们讲解一下对焦区域的设置方法。

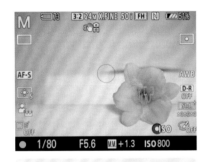

在对焦后，对焦框显示为绿色

NEX-5T的设置方法

Step 1 在"相机"菜单中选择"自动对焦区域"项目。

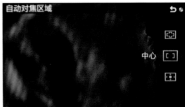

Step 2 选择相应选项。

α5000/α6000/α7/α7R/α7S的设置方法

Step 1 在"对焦模式"3菜单中选择"对焦区域"项目。

Step 2 选择相应选项。

广域/多重对焦覆盖的对焦点最多

在NEX-5T机型中，此模式被称之为"多重"，而在α5000/α6000/α7/α7R/α7S等机型中则被称之为"广域"。在此模式下，相机会对默认的多个AF区域进行对焦，对焦迅速而准确，最为常用。以此对焦模式拍摄人像，当"人脸检测"功能开启时，相机会优先对人脸进行自动对焦。

📷 机型：α5000 镜头：E 10-18mm F4 OSS 快门速度：1/2500秒 光圈：F6.3 感光度：800 焦距：12mm 白平衡：自动 曝光补偿：0EV

▲ 在拍摄上图所示的建筑时，拍摄者采用多重对焦模式，相机将纳入画面的景物分成多个对焦区域，结合小光圈的设置，使大范围内的景物清晰成像

区对焦有利于拍摄动态主体

此模式仅存在于 α 机型中，在此模式下，对焦区域被分为9个对焦点。拍摄者决定9个对焦点所形成的对焦区域的位置，由相机从9个对焦点中自行选择对焦。此种模式较为适合拍摄主体在画面中占据大面积位置的情况，亦适合追踪拍摄移动的主体。

▶ 右图拍摄者采用区对焦，并将对焦区域移至画面的右上角，移动相机确定好构图。在半按快门后，自动对焦点显示为绿色，使游动中的黑天鹅清晰成像

📷 机型：NEX-7　镜头：FE 70-200mm F4 G OSS　快门速度：1/320秒　光圈：F9　感光度：1250　焦距：100mm　白平衡：自动　曝光补偿：0EV

中间/中心对焦有利于快速对画面中央的主体对焦

在NEX-5T机型中，此模式被称为"中心"，而在 α 5000/ α 6000/ α 7/ α 7R/ α 7S等机型中则被称为"中间"。在此模式下，相机只对位于中央的AF区域对焦。此模式十分适合以中央构图拍摄的画面。在拍摄处于动态的主体时，可事先将主体安排在画面中央，快速完成对焦拍摄。

📷 机型：NEX-7　镜头：E PZ 16-50mm F3.5-5.6 OSS　快门速度：1/1000秒　光圈：F7　感光度：320　焦距：12mm　白平衡：自动　曝光补偿：0EV

▲ 上图拍摄者采用中心对焦，对焦于画面中央的主体，对焦快速而准确。主体突出，而周围的环境亦得到了表现

在 α 5000/ α 6000/ α 7/ α 7R/ α 7S等相机中，"中间"对焦模式设有L、M、S三种大小的对焦框。拍摄者可根据要对焦的主体大小来设定对焦框大小。

在 α 5000/ α 6000/ α 7/ α 7R/ α 7S等相机中的中间对焦区域设置界面

自由点对焦使对焦更为灵活

此模式适合表现较小的主体。拍摄者可移动对焦区域至主体，按软键B则可使对焦区域返回到中央。由此可知，此对焦模式相当灵活，可使拍摄者直接选择对焦点，避免移动相机重新构图的麻烦。

📷 机型：NEX-5T　镜头：E 18-200mm F3.5-6.3 OSS LE　快门速度：1/500秒　光圈：F6.3 感光度：250　焦距：189mm　白平衡：自动 曝光补偿：0EV

◀ 在拍摄左图时，拍摄者采用点对焦模式，移动对焦点至红灯笼，使主体得到清晰对焦。在大光圈下，未对焦的背景被虚化，使主体得到突出

在α5000/α6000/α7/α7R/α7S等相机中，"自由点"对焦模式设有L、M、S三种大小的对焦框。拍摄者可根据要对焦的主体大小来设定对焦框大小。

📷 机型：α6000　镜头：E 10-18mm F4 OSS 快门速度：1/320秒　光圈：F5.6　感光度：200 焦距：12mm　白平衡：自动　曝光补偿：0EV

▼ 在拍摄下图时，由于主体太远，其影像变得很小，拍摄者将自由点设置为S，移动对焦点至主体，以便清晰对焦。配合广角镜头近大远小的透视效果，主体十分突出

在α5000/α6000/α7/α7R/α7S等相机中的自由点对焦区域设置界面

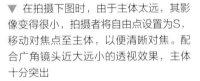

80

■ 4.6.4 DMF功能 适用于全部机型

在实际拍摄时，可能需要频繁切换自动对焦与手动对焦模式，如果通过菜单频繁地设置，可想而知，不但操作繁琐、费时费力，还容易错失拍摄的良机。不过没关系，我们可利用AF/MF控制功能，随时切换对焦模式。在拍摄时，将对焦模式设置为DMF（直接手动对焦），即可在自动对焦后，通过手动调整镜头对焦环，进行手动对焦。

设置DMF（NEX-5T）

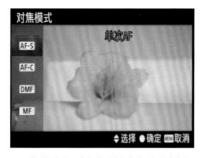

设置DMF（α5000/α6000/α7/α7R/α7S）

注意：
1. 如果在选中DMF或手动对焦时转动对焦环，影像会自动放大，以使拍摄者查看对焦区域，但会对取景画面整体造成干扰，这时可以通过"设置"菜单，将"MF帮助"设置为"关"来避免影像放大。
2. 选择DMF时，半按门的快门按钮，相机将自动对焦。在保持半按快门的状态下，转动镜头的对焦环，可得到清晰的对焦效果。

■ 4.6.5 AF/MF控制 适用于α7/α7R/α7S

在α7、α7R、α7S机型中，除了将对焦模式设置为DMF外，还可通过AF/MF按钮在拍摄时，临时切换对焦模式。在操作时，将AF/MF/AEL切换杆拨至AF/MF。如果在自动对焦模式下执行此操作，对焦模式会变为手动；在手动对焦模式下，对焦模式则变为"自动对焦"。

α7/α7R/α7S机型可通过按AF/MF按钮在自动对焦与手动对焦之间切换

将"自定义键设置"项目设置为"AF/MF控制切换"

如果将"自定义设置"菜单中的"自定义键设置"项目中的"AF/MF按钮"设置为"AF/MF控制切换"，即使不保持按下AF/MF按钮，也能维持变更后的模式。

机型：α7 镜头：FE 70-200mm F4 G OSS
快门速度：1/500秒 光圈：F8 感光度：100
焦距：200mm 白平衡：自动 曝光补偿：0EV

◀ 在拍摄左图时，使用自动对焦模式总是对焦于花瓣。为使瓢虫对焦，拍摄者按下AF/MF按钮，手动调整对焦至昆虫，完成拍摄

■4.6.6 手动对焦弥补自动对焦的不足 | 适用于全部机型 |

在使用不支持自动对焦的镜头，以及在不易对焦的拍摄情况下，我们可使用手动对焦。在使用手动对焦时，将以拍摄者的目测为准，通过手动调整镜头对焦环进行对焦，以实现快速拍摄。

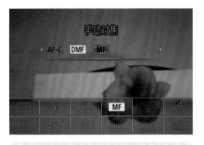

设置对焦模式为手动对焦

■ 机型：α5000　镜头：E 55-210mm F4.5-6.3 OSS　快门速度：1/640秒　光圈：F6.3　感光度：200
焦距：180mm　白平衡：自动　曝光补偿：0EV

◀ 在拍摄左图中的花蕊时，为了避免自动对焦于前景花，拍摄者设置相机为手动对焦。设置对焦位置，并手动调整镜头的对焦环，令微小的花蕊清晰对焦

在使用手动对焦时，为了手动对焦更准确，相机备有峰值水平、峰值色彩、MF放大、MF辅助等多种辅助菜单。下面说明其设置方法。

NEX-5T的设置方法

Step 1　将"MF帮助"设为"开"。

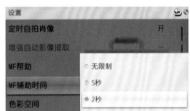

Step 2　设置"MF辅助时间"。

Step 3　设置"峰值水平"。

Step 4　设置"峰值色彩"。

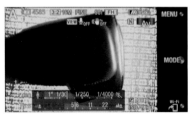

Step 5　在拍摄时显示放大。

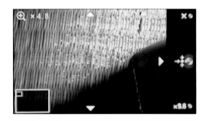

Step 6　在微调焦距时显示放大。

注意：
1. 在使用取景器时，如果屈光度调节不正确，则无法在取景器上获得正确对焦。
2. 由于将影像的清晰部分判断为合焦，因此根据被摄体或镜头的不同，突出显示效果会有所不同。
3. HDMI连接时不显示峰值。

α5000/α6000/α7/α7R/α7S的设置方法

Step 1 将"MF帮助"设为"开"。

Step 2 设置"对焦放大时间"。

Step 3 设置"峰值水平"。

Step 4 设置"峰值色彩"。

Step 5 在调整焦距时放大显示。

注意:
1. 按控制拨轮上的方向键调整放大位置。
2. 如果按删除按钮,放大位置会返回中央。
3. 每按一次删除按钮,放大位置都会返回中央。
4. 如果半按快门按钮,放大显示会被取消。

■4.6.7 对焦设置 | 适用于α7/α7R/α7S |

在α7/α7R/α7S等机型中,可通过"拍摄设置"3菜单中的"对焦设置"项目来设定用前、后转盘和控制轮进行与对焦有关的设置。

将"MF帮助"设为"开"

在自动对焦或DMF时

用控制拨轮设置"对焦区域"

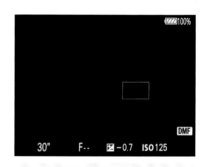

用前、后转盘设置"对焦区域"的位置

在手动对焦时

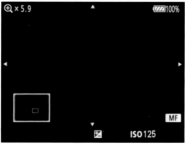

用前转盘或控制拨轮纵向移动放大位置,用后转盘进行横向移动

注意:
在自动对焦或DMF模式时,前、后转盘在"对焦区域"为"区"或"自由点"时有效。

控制拨轮

■4.6.8 相位检测区域 | α7/NEX-5T |

在产的索尼微单相机中，NEX-5T、α7具备相位检测区域功能，采用了相位检测自动对焦系统来跟踪快速移动的物体，并运用对比度检测对焦系统提升低光照时的对焦精准性。相机可根据场景自动选择合适的对焦。对比度检测对焦可覆盖广域的25个自动对焦点，而相位检测自动对焦可涵盖对比度检测对焦的9个中央对焦框内的99个对焦点，非常适合拍摄处于移动中的主体。要想在屏幕中显示相位检测AF区域检测点，需将"相位检测AF区域"选项设置为"开"。拍摄时，相位检测自动对焦首先快速检测对焦的方向和镜头移动的距离，随后对比度检测自动对焦会精准地对焦目标。当需要快速对焦捕捉运动物体时，相机会开启相位检测自动对焦功能。

📷 机型：α7　镜头：FE 70-200mm F4 G OSS
快门速度：1/100秒　光圈：F4　感光度：200
焦距：200mm　白平衡：自动　曝光补偿：0EV

▶在拍摄如右图所示的动态画面时，相机自动启动相位检测自动对焦，快速检测对焦方向和镜头移动的距离，准确对焦于嬉闹的儿童，画面影像清晰，保证了拍摄成功

α7的设置方法

Step 1 在"拍摄设置"2菜单中选择"对焦模式"项目。

Step 2 选择相应选项。

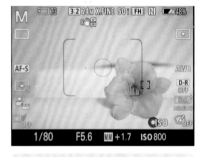

Step 3 选择相应选项。

NEX-5T的设置方法

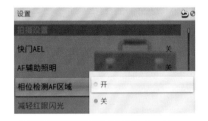

Step 1 将"MF帮助"设为"开"。

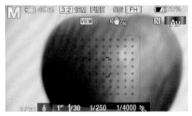

Step 2 设置"MF辅助时间"。

注意：
1. 当光圈值设为F9.0及以上时，无法使用相位检测AF。只能利用对比度AF。
2. 只有兼容镜头可以利用相位检测AF。
3. 使用卡口适配器安装A卡口系列镜头时，无法使用相位检测AF。
4. 拍摄动态影像时，不显示相位检测AF测距点，相位检测AF不工作。

■ 4.6.9 "跟踪对焦" 与 "锁定AF" | 适用于全部机型

在对焦模式设为AF-C连续自动对焦时，将"跟踪对焦"或"锁定AF"功能开启，有利于动态主体的跟踪对焦。NEX-5T中的"跟踪对焦"功能与α5000/α6000/α7/α7R/α7S等相机中的"锁定AF"功能非常相似。在此模式下，相机将跟踪对焦于移动中的主体，非常利于捕捉运动主体的动态画面。在拍摄时，将目标对焦框与跟踪的被摄体对齐，相机将跟踪被摄体对焦。

NEX-5T的设置方法

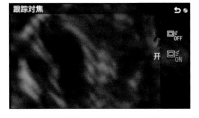

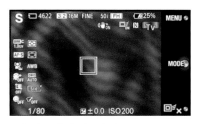

Step 1 在"相机"菜单中选择"跟踪对焦"选项。

Step 2 设置"跟踪对焦"为"开"。

Step 3 在拍摄中的对焦显示。

α5000/α6000/α7/α7R/α7S的设置方法

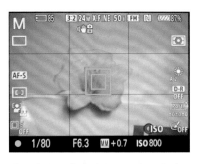

Step 1 在"拍摄设置"5菜单中选择"锁定AF"项目。

Step 2 设置"锁定AF"为"开"。

Step 3 在拍摄中的对焦显示。

📷 机型：NEX-5T 镜头：E 55-210mm F4.5-6.3 OSS 快门速度：1/1600秒 光圈：F5.6 感光度：640 焦距：135mm 白平衡：自动 曝光补偿：0EV

◀ 左图拍摄者使用对象跟踪功能拍摄，使对焦框跟踪对焦于小鹿的头部，合焦后完成拍摄

小提示：

1. 在拍摄人物时，如果设定"锁定AF"为"开"（半按快门启动），"广域"对焦模式，并且"笑脸/人脸检测"为"开"时，相机会检测并跟踪人脸。

2. 在采用实时取景时，如果主体较小，可设定锁定AF为"开"，将自设的对焦区域为"区"选择，可对处理从指定的被摄体的区域情况识别对焦。

■ 4.6.10 "AF微调"使α卡口镜头的使用更方便

在使用LA-EA4、LA-EA2等卡口适配器的α卡口系列镜头时，可以利用此功能为每个镜头调整和注册自动对焦位置。共有三个选项，分别为AF调节设置、微调量及清除。下面以表格形式说明其功能。

选 项	说 明
AF调节设置	设置是否使用"AF微调"功能
微调量	允许选择-20~+20之间的最佳值。选择更大值将自动对焦位置移动到相机远处；选择更小值将自动对焦位置移动到相机近处
清除	清除所设的值

注意：
1. 当测量相机与被摄体之间的准确距离时，应以水平面标记的位置为基准。水平面标记是感光元件的位置。从镜头接点表面到感光元件的距离为18mm。
2. 如果被摄体距离小于所安装镜头的最小拍摄距离，将无法确认对焦。

NEX-5T的设置方法

Step 1 在"设置"菜单中选择"AF微调"。

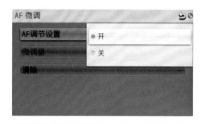

Step 2 选择"AF调节设置"，将其设置为"开"。

α5000/α6000/α7/α7R/α7S的设置方法

Step 1 在"自定义设置"5菜单中选择"AF调节设置"项目。

Step 2 设置"AF调节设置"为"开"。

■ 4.6.11 数码变焦便于查看对焦效果

此功能可在拍摄静态影像的同时放大中央部分，拍摄者可利用此功能查看对焦效果。当主体在画面中占据较小比例时，此功能十分有用。

NEX-5T的设置方法

Step 1 在"设置"菜单中设置"数字变焦"为"开"。

Step 2 变焦时的效果。

α5000/α6000/α7/α7R/α7S的设置方法

Step 1 在"自定义设置"3菜单中选择"变焦设置"项目。

Step 2 设置"变焦设置"为"开：数字变焦"。

Step 3 在"拍摄设置"4菜单中选择"变焦"项目。

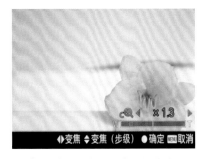

变焦时的效果。使用上、下方向键，变焦以整级调整

变焦时的效果。使用左、右方向键，变焦以邻近值调整

无法设置"相机"菜单中的"变焦"

■ 4.6.12 "AF辅助照明"在暗光环境中辅助对焦

在暗光环境下不易对焦时，可利用"AF辅助照明"功能，将其设为"自动"，开启AF辅助照明灯提供辅助照明，以辅助对焦，在半按快门期间，对焦被锁定。

α5000/α6000/α7/α7R/α7S的设置方法

Step 1 在"拍摄设置"3菜单中选择"AF辅助照明"项目。

Step 2 设置"AF辅助照明"为"自动"。

NEX-5T的设置方法

Step 1 在"设置"菜单中选择"AF辅助照明"选项。

Step 2 设置"AF辅助照明"为"自动"。

机型：NEX-6 镜头：E 55-210mm F4.5-6.3 OSS 快门速度：1/80秒 光圈：F8 感光度：200 焦距：135mm 白平衡：自动 曝光补偿：0EV

▲ 在拍摄上图时，环境光线较暗，拍摄者将"AF辅助照明"选项设为"自动"，利用AF辅助照明灯辅助对焦，半按快门后锁定对焦，快速完成拍摄

4.7 摄影中的用兵之道：拍摄模式

索尼的拍摄模式大体有以下几种：单张拍摄、连拍、速度优先连拍、自拍、定时（连拍）和阶段曝光（连续、遥控器）。这些模式都是针对多种不同拍摄条件、环境特点而设置的，如果拍摄者能够在了解其不同特点的基础上使用与拍摄需求相适应的模式，就可使拍摄事半功倍。

■ 4.7.1 拍摄模式的设置 | 适用于全部机型 |

驱动模式的设置方法有两种，一种是通过转动相机背面的控制拨轮设置"拍摄模式"；一种是通过在"相机"菜单中选择"拍摄模式"选项进行设置，具体设置方法如下所示。

NEX-5T的设置方法

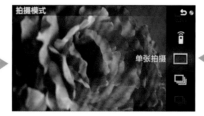

方法 1　通过按拍摄模式按钮，选择拍摄模式

"拍摄模式"设置界面

方法 2　通过"相机"菜单中的"拍摄模式"选项设置拍摄模式

α5000/α6000/α7/α7R/α7S的设置方法

方法 1　通过按拍摄模式按钮，选择拍摄模式

"拍摄模式"设置界面

方法 2　通过"相机"菜单中的"拍摄模式"选项设置拍摄模式

■ 4.7.2 单张拍摄最常用 | 适用于全部机型 |

所谓单张，即每按下一次快门释放按钮相机只拍摄一张照片。此种拍摄模式适合绝大多数拍摄情况及各类题材，应用最为广泛。

📷 机型：α7　镜头：Vario-Tessar T* FE 24-70mm F4 ZA OSS
快门速度：1/500秒　光圈：F11　感光度：100　焦距：24mm　白平衡：自动
曝光补偿：0EV

▶ 在拍摄右图时采用单张模式拍摄，拍摄者有足够的时间从容对焦、构图，易于得到构图奇巧的摄影作品。此图，在广角镜头结合斜线构图的表现下，画面的纵深空间感强烈，前景鲜艳的船只得到突出表现

■ 4.7.3 连拍适合拍摄主体动作较和缓的画面 | 适用于全部机型

在拍摄期间，如果拍摄者选择连拍后按住快门按钮不放，就可进行连续拍摄，适合拍摄运动较和缓的主体，以捕捉到一连串的动作。使用此模式拍摄时，可结合AF-C连续自动对焦，以使对焦更为迅速，提高拍摄的成功率。

第1张

第2张

第3张

▣ 机型：α75 镜头：FE 70-200mm F4 G OSS 快门速度：1/500秒 光圈：F4 感光度：200 焦距：200mm 白平衡：自动 曝光补偿：0EV

▲ 上组图是以连拍模式拍摄的。拍摄者在取景、构图、对焦完成后，按下快门按钮不放，相机进行连续拍摄，得到一连串画面

■ 4.7.4 定时连拍/自拍定时连拍表现不动的主体 | NEX-5T/α7/α7R/α7S

在此模式下，相机将在10秒后连续拍摄影像，非常适合拍摄位置不变的主体的动态影像，以便拍摄者从中选择精彩画面，并可避免因手持相机拍摄而引起的机震现象，使照片更清晰。此模式下有两个选项可供选择：10秒3张影像、10秒5张影像，拍摄者可根据主体的动作幅度选择相应选项。在按快门按钮时，自拍定时指示灯闪烁并发出提示音，直至拍摄。如果需要取消定时连拍，请按驱动模式按钮并选择"单张拍摄"。

拍摄者挑选出第3张

第1张

第2张

第3张

▣ 机型：α6000 镜头：E 35mm F1.8 OSS 快门速度：2秒 光圈：F16 感光度：100 焦距：35mm 白平衡：自动 曝光补偿：0EV

▲ 上面这组图是采用定时连拍拍摄的，拍摄者选择"10秒3张影像"，在固定位置拍摄，得到日落后埃菲尔铁塔上空风云变幻的画面，并选出一张最好的作为最终作品

■ 4.7.5 速度优先连拍的连拍速度最快 | NEX-5T/α5000/α7/α7R/α7S

如果选择此模式，按住快门释放按钮不放即可进行高速（最高10张/秒）连拍，适合拍摄快速运动的主体，利于从一连串的动作中捕捉到精彩画面。使用此模式拍摄时，首次拍摄的对焦和亮度设置将用于后续拍摄中，因此拍摄者应尽量保证拍摄距离、拍摄位置不变，以保证主体清晰对焦。在场景选择（运动除外）、动作防抖、扫描全景、3D扫描全景、笑脸快门和自动HDR模式下无法使用此模式。

拍摄者挑选出第1张

第2张

第3张

📷 机型：α6000 镜头：E 18-200mm F3.5-6.3 OSS LE 快门速度：1/400秒 光圈：F8
感光度：100 焦距：60mm 白平衡：自动 曝光补偿：0EV

▲ 此组照片是采用"速度优先连拍"模式拍摄的。由于相机以首张对焦点对焦，亮度一致，拍摄者事先设置好曝光和对焦位置，以保证此组照片拍摄的成功。拍摄运动主体一连串的动作时，此种拍摄模式无疑是很便利的

■ 4.7.6 自拍功能用途广泛 | NEX-5T/α7/α7R/α7S

当画面中需要有拍摄者的影像时，可使用此模式。另外还可利用此模式拍摄静物或需要长时间曝光的画面，可避免因手持相机拍摄而引起的机震现象，使照片更清晰。此模式有两个选项：10秒和2秒，拍摄者可视需要选择相应选项。在进行自拍时，按下快门按钮，自拍定时指示灯开始闪烁并且发出提示音，直至拍摄。如果需要取消定时自拍，请按驱动模式按钮并选择"单张拍摄"。

📷 机型：NEX-5T 镜头：E PZ 16-50mm F3.5-5.6 OSS 快门速度：1/30
秒 光圈：F2.8 感光度：400 焦距：24mm 白平衡：自动 曝光补偿：0EV

▶ 右图中的被摄者即为拍摄者。拍摄者事先设置10秒自拍，对预期位置进行对焦，完全按下快门释放按钮启动自拍后，快速到达拍摄位置，快门在计时开始约10秒之后释放，完成拍摄

■ 4.7.7 阶段曝光：连续得到三幅不同曝光的画面 适用于全部机型

BRK C 　在此模式下，相机将按光的基础程度曝光、较暗程度曝光、较亮程度曝光顺序拍摄3张影像。拍摄时持续按下快门按钮直至拍摄完成。此模式相当于包围曝光，当拍摄者不确定如何设置曝光参数时，可使用此模式，以便从中选择最符合心意的影像。在此模式下有两项可供选择：0.3EV和0.7EV，相机将以设置的曝光补偿值与基础曝光之间的偏差值拍摄影像。如果需要取消，请按驱动模式按钮并选择"单张拍摄"。

第1张

拍摄者挑选出第3张

型机：α6000　镜头：E 10-18mm F4 OSS　快门速度：1/320秒　光圈：F5.6　感光度：200
焦距：12mm　白平衡：自动　曝光补偿：+0.3EV

第2张

▲ 此组照片拍摄者采用"阶段曝光：连续"模式拍摄，设置为0.7EV，得到3幅大范围亮度差的对比画面。我们观察到，曝光合理的影像是第3张，为正曝光补偿的照片，可为以后的拍摄做曝光参考；第1张为未进行曝光补偿的画面，欠曝较暗；第2张照片进行了负曝光补偿，表现更加暗

注意：
在阶段曝光模式下请注意，以下情况无法使用"阶段曝光：连续"："智能自动""场景选择""动作防抖""扫描全景""3D扫描全景""单张快门"和"自动HDR"；最后拍摄的影像将显示在开始查看的画面上；在"手动曝光"模式下，通过调节快门速度来转换曝光度；调整曝光时以曝光值为补偿值进行补偿。

■ 4.7.8 单拍阶段曝光：每次拍摄一幅不同曝光的画面 α5000/α6000/α7/α7R/α7S

BRK S 　"单拍阶段曝光"模式仅存在于ILCE机型中，其功能与"连续阶段曝光"一致。不同之处在于，"连续阶段曝光"是在持续按下快门按钮期间连续拍摄，"单拍阶段曝光"是每按下一次快门按钮拍摄一张照片。

拍摄者挑选出第1张

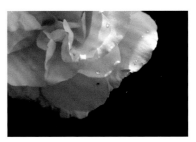

第2张

机型：α6000　镜头：E 18-200mm F3.5-6.3 OSS LE　快门速度：1/400秒　光圈：F8 感光度：100　焦距：60mm　白平衡：自动 曝光补偿：0EV

◀ 此组照片拍摄者采用"单拍阶段曝光"模式拍摄，设置为0.3EV，得到3幅小范围亮度差，且构图不同的照片。我们观察到，曝光合理的影像是第1张，可为以后的拍摄做曝光参考，第2张有些欠曝，第3张照片过曝了

第3张

■ 4.7.9　白平衡阶段曝光得到不同色调的照片 | α5000/α6000/α7/α7R/α7S

BRK WB　此模式仅存在于ILCE系列机型中。以选择的白平衡模式、色温/彩色滤镜片的值为基准，阶段式地改变设定值，共记录3张不同白平衡表现的影像。

此模式相当于白平衡包围，当拍摄现场的色温不易把握时可通过此模式来查看同一照片的不同白平衡表现，以此确定画面色调。在设置时可从Lo和Hi两项中选择，其中Lo的变化幅度较大。

拍摄者挑选出第1张

第2张

第3张

机型：α7　镜头：Sonnar T* FE 35mm F2.8 ZA　快门速度：1/250秒　光圈：F6.3　感光度：125 焦距：35mm　白平衡：自动　曝光补偿：0EV

▲ 上组以白平衡阶段模式中的Lo项目拍摄。照片的色调为青蓝色、蓝色和蓝紫色，色调的不同，亦影响了画面的氛围

注意：
当设置为Lo项目时，其变化幅度为10MK−1，Hi的变化幅度为20MK−1。MK−1是用于表示色温转换滤镜的色温转换能力的单位。

■ 4.7.10 DRO阶段曝光 | α5000/α6000/α7/α7R/α7S

BRK DRO 此模式仅存在于ILCE系列机型中。阶段式地改变动态范围优化的数值，共记录3张不同明暗对比表现的影像。如果拍摄场景中的光线较为强烈或者明暗对比不明显，均可使用此模式来得到不同明暗对比的画面。可从Lo和Hi两项中选择，Lo时拍摄DROLv1、Lv2、Lv3的影像，Hi时拍摄DROLv1、Lv3、Lv5的影像。

拍摄者挑选出第2张

第1张

第3张

📷 机型：α7R　镜头：Vario-Tessar T* FE 24-70mm F4 ZA OSS　快门速度：1/1250秒
光圈：F5.6　感光度：200　焦距：24mm　白平衡：自动　曝光补偿：0EV

▲ 此组照片拍摄者采用DRO阶段曝光模式拍摄，设置为Lo选项。其中，第2张的明暗对比适中，建筑和天空的色彩和明暗较为平衡；第1张照片的明暗对比过小，画面显灰；第3张照片的明暗对比过大，天空较亮而建筑较暗，逆光效果明显

■ 4.7.11 遥控器使拍摄者行动更自由 | NEX-5T

S 当使用无线遥控器操作相机时，可使用此模式。通过使用RMT-DSLR1无线遥控器上的SHUTTER和2SEC（2秒后释放快门）按钮进行拍摄。在拍摄时，应先对焦被摄体，然后将无线遥控器的反射器指向遥控传感器，拍摄影像。在拍摄全景、夜景等需要长时间曝光的题材，以及对画质有较高要求的画面时，多使用此模式。使用此模式拍摄时，建议使用三脚架固定相机，以保证高画质。

📷 机型：NEX-5T　镜头：Vario-Tessar T* E
16-70mm F4 ZA OSS　快门速度：1/80秒
光圈：F8　感光度：200　焦距：60mm
白平衡：自动　曝光补偿：0EV

▶ 右图是拍摄者使用遥控器模式拍摄的。为保证高画质表现，拍摄者将相机放在桌上，以无线遥控器控制相机快门，在一切准备就绪后，按下遥控器上的快门按钮完成拍摄

4.8 控制画面的色彩表现：白平衡 | 适用于全部机型 |

影响画面色彩表现的因素有很多，如拍摄环境的光色、相机的设置、图像处理软件及打印设备的色彩设置等，都会影响最终成像。在拍摄时，如果想要真实再现照片中事物的色彩，就需要通过相机的白平衡设置，在拍摄环节控制原始图像的色彩。白平衡，从字面的意思来看，即为白色的平衡。在摄影中，白平衡是相机中控制、平衡画面色彩的一种功能，通过设置该功能，可避免被摄体颜色受环境光的影响，将白色还原为白色。

■ 4.8.1 轻松设置白平衡

设置白平衡的途径有两种：一为在拍摄中利用相机外部的按钮进行设置（如α7），一为利用白平衡菜单进行设置（如NEX-5T）。拍摄者可分别在蓝色与琥珀色、绿色与洋红色之间调整色彩。即使关闭相机或选择其他白平衡模式，调整后的值也会保持不变。

NEX-5T的设置方法

Step 1 在"亮度/色彩"菜单中选择"白平衡模式"选项。

Step 2 在"白平衡模式"设置界面中选择相应选项。

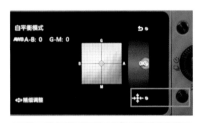

Step 3 按软键B对白平衡进行精细调整。

α5000/α6000/α7/α7R/α7S的设置方法

方法 1 通过按白平衡按钮选择白平衡

Step 1 在"白平衡模式"设置界面中选择相应选项。

方法 2 通过"白平衡模式"菜单选择白平衡

向G（绿色）偏移后拍摄的画面

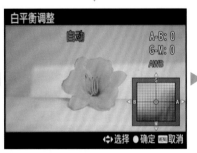

Step 2 按右方向键进入"白平衡调整"界面，按方向键进行调整。

向A（琥珀色）偏移后拍摄的画面

以原点（未设置白平衡）拍摄

向M（洋红色）偏移后拍摄的画面

向B（蓝色）偏移后拍摄的画面

▲ 这组图是以不同白平衡设置拍摄的画面，对比可以看出，由于设置不同，画面的色调发生了改变，利用此功能可营造画面氛围

■ 4.8.2 丰富多彩的白平衡预设

索尼微单相机提供了多种白平衡预设选项，是根据最为常见的拍摄环境中光线的表现设定的，配合拍摄者在相应环境中使用，可使拍摄后的图像色彩得到真实再现。除此之外，还提供了色温及手动预设两项以满足不同的拍摄需求，下面以表格形式讲解各种白平衡预设的表现。

选　项	说　明
AWB（自动白平衡）	相机自动检测光源并调节色温
☀日光	适合在白天户外拍摄时使用
⌂阴影	适合在户外阴影下拍摄时使用
☁阴天	适合在白天多云环境下拍摄时使用
☀白炽灯	在白炽灯下使用
⚡-1荧光灯：暖白色	在暖白色荧光灯照明环境下使用
⚡0荧光灯：冷白色	在冷白色荧光灯照明环境下使用
⚡+1荧光灯：日光白色	在昼白色荧光灯照明环境下使用
⚡+2荧光灯：日光	在日光荧光灯照明环境下使用
WB闪光灯	适合在使用闪光灯下使用
K色温/滤光片	由拍摄者自行选择色温值，可得到类似使用有色滤镜拍摄的色调效果
自定义	由拍摄者根据环境及拍摄需要通过"自定义设置"自行设定白平衡

白平衡预设是为应对不同环境的拍摄条件设立的，然而在相同拍摄环境下，使用不同的白平衡预设也会得到不同色调画面。下面我们就以在日光照明下，使用不同白平衡预设拍摄同一被摄体为例，使大家对白平衡预设的表现有一个更为深入的了解。

AWB（自动白平衡）

日光

阴影

阴天	白炽灯	荧光灯：暖白色
荧光灯：冷白色	荧光灯：日光白色	荧光灯：日光
闪光灯	色温/滤光片	自定义

机型：α5000　镜头：E PZ 18-200mm F3.5-6.3 OSS　快门速度：1/40秒　光圈：F14　感光度：160　焦距：35mm
白平衡：自动　曝光补偿：0EV

注意：
1. 在"智能自动""场景选择"等设置下，白平衡将自动设为"自动白平衡"。
2. 如果在"色温/滤色片"中微调色调，将获得特定色温，调整后的值会在选择其他色温时保持不变。

◀ 在拍摄左图时，为表现清晨日出时城市的朝气和清新，拍摄者将白平衡的"色温/滤光片"设置为3000K，使画面呈现冷蓝色调，表现出清晨时分清冷的氛围

索尼微单
相机的
镜头体系

Chapter 05

使用索尼微单相机时可更换镜头拍摄，其成
像效果在很大程度上有赖于镜头的表现，可
见镜头在拍摄中的重要性。在学习了曝光原
理及相机的操控后，本章我们将对索尼微单
相机所用E镜头进行讲解。此图是以α7R机
身搭配卡尔蔡司镜头Vario-Tessar T* FE
24-70mm F4 ZA OSS拍摄的。在近似于垂
直仰视的视角表现下，建筑产生了明显的透
视变形，表现出高大建筑的压迫感，进而表
现出强烈的画面空间感。

机型：α7R　镜头：Vario-Tessar T* FE 24-70mm F4 ZA OSS　快门速度：1/800秒
光圈：F6.3　感光度：100　焦距：24mm　白平衡：自动　曝光补偿：0EV

5.1 索尼微单镜头体系

根据画幅及卡口的不同，索尼镜头分为SAL镜头、DT镜头、E镜头。其中，SAL是索尼α镜头，可用于索尼单反和单电相机；DT镜头专用于APS-C画幅的相机；E镜头专用于微单相机。对于索尼微单系列机型来讲，除了十几款E镜头为专用镜头外，还可通过加装LA-EA2和LA-EA4卡口适配器使用α镜头组，大大丰富了可用镜头，扩大了镜头选择范围。

α卡口镜头：Vario-Sonnar T* 16-35mm F2.8 ZA SSM

E卡口镜头：Sonnar T* E 24mm F1.8 ZA

LA-EA2卡口适配器

> 小常识：
> 索尼镜头有三大系列：卡尔·蔡司镜头、G镜头、索尼镜头。其中卡尔·蔡司镜头以"ZA"表示，在德系镜头品牌中一向以成像锐利、画面充满质感、反差控制优秀、价格相对低廉而闻名；G镜头有着顶级做工和材质，并具备以下特征：恒定大光圈、AD镜片、圆形光圈、非球面镜片、浮动对焦系统及高质量的镜身；索尼镜头则属于普通镜头。

5.2 镜头标识名称

E系列镜头的命名体系中包括很多数字和字母，各数字、字母均有其特定含义，通过对镜头名称的了解，就能够了解镜头的规格、特性。下面以E 18-55mm F3.5-5.6 OSS（SEL1855）镜头为例来讲解一下其名称的具体含义。

E 18-55mm F3.5-5.6 OSS
① ② ③ ④

序号	名　称	说　明
①	E	适用于索尼微单系列机型的镜头
②	18-55mm	镜头焦距范围
③	F3.5～F5.6	表明这支变焦镜头在广角和长焦端的最大光圈分别为F3.5和F5.6
④	OSS	光学防抖

通过上面的介绍可知，此镜头为采用光学防抖技术的E卡口镜头，专用于微单相机，其焦距范围为18mm～55mm，广角端最大光圈为F3.5，长焦端最大光圈为F5.6。

5.3 镜头影响景深的表现

景深泛指成像的清晰范围。当拍摄时完成对焦后，在焦点前后的范围内都能形成清晰的像，这一前一后的距离范围就是景深。照片的景深表现受光圈、焦距和拍摄距离共同影响。本节我们将对景深对成像效果的影响进行讲解。

5.3.1 光圈对景深的影响

光圈除了控制镜头的通光量之外，还会对成像的清晰度产生影响，进而影响画面的景深表现。当光束经过镜头凸透镜后，光束逐渐汇聚到一个点，此点即为焦点。随着光线的继续前进，光束又发散开来。如果像平面（投影面）恰好位于焦点上，则发光点在平面上的像为一清晰的点。如果像平面不在焦点位置，则光点在平面上的成像不是一个点，而是一个圆，称为弥散圆。随着光圈的增大，背景光点弥散圆的直径成比例地增加，使其虚化程度加强，从而形成浅景深。

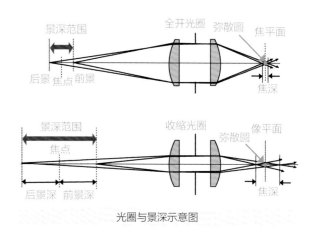

光圈与景深示意图

其他参数相同，以F5.6拍摄的画面，画面景深浅

其他参数相同，以F22拍摄的画面，画面景深深

▲ 从这组图可以看出，在近距离拍摄时，在大光圈的设置下，背景较为简洁；而在小光圈的设置下，画面的背景虽然也被虚化，但是细节还是较为明显，背景显得杂乱

📷 机型：α7R 镜头：FE 70-200mm F4 G OSS 快门速度：1/640秒 光圈：F9 感光度：320 焦距：85mm 白平衡：自动 曝光补偿：0EV

▶ 右图拍摄者采用小光圈拍摄，得到远近景皆清晰的画面，表现出真实的画面空间。在拍摄风光等大场景画面时，多设置较小的光圈，以使画面中景物得到细腻体现

■5.3.2 焦距对景深的影响

面对同一被摄体，光圈及拍摄距离相同时，由于镜头的焦距不同，取景范围即不同，照片景深的表现也不同。焦距设置越长，则景深越浅；焦距设置越短，则景深越深。因此可知，短焦距的广角镜头所摄照片景深较深，以长焦距的长焦镜头拍摄，一般可得到浅景深画面。景深越浅，画面的清晰范围越小，有利于主体的突出；景深越深，则画面的清晰范围越大，利于表现实际的空间感。

其他参数相同，焦距为92mm，景深较深　　　　　　　　其他参数相同，焦距200mm，景深较浅

▲ 上组图是在同一位置，以不同镜头焦距拍摄的。从两图对比可看出，以较短焦距拍摄的画面中，远景植物及白云轮廓较为清晰；而以较长焦距拍摄的画面中，远景植物只形成朦胧的影像，景深变浅

■5.3.3 拍摄距离对景深的影响

在采用同一焦距、同一光圈的镜头来拍摄同一景物时，由于拍摄者的拍摄位置不同，同样会改变取景范围，从而使画面景深发生改变。拍摄距离越远，画面景深越深；拍摄距离越近，画面景深越浅。

其他参数相同，拍摄距离较近，景深较浅　　　　　　　　其他参数相同，拍摄距离较远，景深较深

▲ 上面这组图是以不同距离拍摄的。在以近距离拍摄的画面中，主体较为突出，背景的虚化较为明显；而在采用远距离拍摄的画面中，远近景的清晰对比不明显，主体未得到更为突出表现

5.4 镜头常识

镜头分类具有多样性。根据镜头焦距及功能的不同，可分为标准镜头、广角镜头、长焦镜头、微距镜头等；根据焦段的可调性来分，则可分为定焦镜头和变焦镜头。本节，我们将对这些镜头知识进行讲解。

■ 5.4.1 镜头焦距对视角的影响

不同焦距的镜头，取景范围及成像的透视效果不同。焦距越短，视角越广；焦距越长，视角越窄。右面所举图例是在相同的拍摄距离以不同焦距取景拍摄的。通过此三图的对比可以看出，在相同距离内拍摄人像，随着取景范围的变化，镜头的焦距也需相应调整。取景范围越大，镜头焦距越短，越趋向于广角效果，变形效果越明显；取景范围越小，镜头焦距越长，越趋向于长焦效果，变形效果越不明显。

下面我们分别对标准镜头、广角镜头及长焦镜头的特点进行讲解。

焦距为135mm，得到特写人像

焦距为67mm，得到全景人像　　焦距为106mm，得到近景人像

标准镜头

焦段在50mm左右的镜头称为标准镜头。标准镜头的视角范围为45°～53°，接近人眼的视角。使用标准镜头拍摄的画面，其成像比例、透视关系与人眼直接观察景物所得一致，画面显得真实、亲切、悦目。并且其拍摄题材范围广泛，可用于人像、风光、静物的拍摄。

注意：
1. 在使用变焦标准镜头时，可利用其短焦端来表现广角镜头的效果，利用其长焦端来表现特写画面。
2. 在拍摄人像时，拍摄距离不宜过近，以免人像产生透视变形。

📷 机型：NEX-7　镜头：E 50mm F1.8 OSS　快门速度：1/200秒　光圈：F2.2　感光度：320　焦距：50mm　白平衡：自动　曝光补偿：0EV

▲ 上图是用标准镜头拍摄的。由于标准镜头的成像比例、透视关系与人眼所见一致，所拍摄人像不会出现变形，结合平视取景，得到亲切悦目的成像效果。明亮的环境、明快的背景色彩及近景取景，表现出儿童的天真无邪

广角镜头

广角镜头的焦距一般为17mm～35mm。广角镜头的焦距短、景深深、视角大，擅长表现大场景宽广宏伟的气势。在广角镜头的表现下，画面表现出强烈的空间透视感，扩展、夸张原有空间，具有加大景物前后比例的作用。画面中央的事物影像变大，而位于画面两端的景物影像变小。一般来说，使用广角镜头拍摄的画面景深深，画面中的景物明晰，适合表现大场景的风光画面。

📷 机型：NEX-5T　镜头：E PZ 16-50mm F3.5-5.6 OSS　快门速度：1/200秒　光圈：F13　感光度：100　焦距：16mm　白平衡：自动　曝光补偿：0EV

▲ 上图拍摄者以广角镜头拍摄，其取景范围宽广，表现出海景的宽广及恢宏气势；且其近大远小的透视特性，令画面中靠近镜头的部分表现细腻

长焦镜头

长焦镜头的焦距比标准镜头长，焦距为70mm～105mm的镜头称为中长焦镜头；焦距为105mm～300mm的镜头称为长焦镜头。长焦镜头焦距长、视角小、成像大、景深浅，能在同一拍摄距离上得到比标准镜头更大的影像，常用来在较远的位置拍摄不容易接近的被摄体，在被摄体不受到干扰的情况下完成拍摄，适宜拍摄野生动物或鸟类等。长焦镜头的景深浅，易于得到背景虚化、主体突出、构图简洁的画面。

📷 机型：机型：α7R　镜头：FE 70-200mm F4 G OSS　快门速度：1/1000秒　光圈：F4　感光度：200　焦距：200mm　白平衡：自动　曝光补偿：0EV

▶ 右图拍摄者以长焦镜头拍摄，将较小的主体拉近，使其占据画面大部分，长焦镜头景深较浅的特性使主体得到突出而醒目的表现

■ 5.4.2 定焦与变焦

根据焦距可调范围镜头可分为定焦镜头和变焦镜头。只有单一焦距的镜头为定焦镜头。其镜头结构简单，成像优秀，重量轻，价格便宜，便于手持拍摄。在使用定焦镜头拍摄时，拍摄者需要根据创作需要及实际被摄体的位置来调整拍摄距离。

📷 机型：NEX-6 镜头：E 16mm F2.8 快门速度：1/500秒 光圈：F7.1 感光度：400 焦距：16mm 白平衡：自动 曝光补偿：0EV

▲ 上图是以16mm定焦镜头拍摄的，由于镜片结构简单，对焦反应迅速，画面的色彩纯净，景物表现细腻，画质优异

镜头焦距可调的称为变焦镜头。其镜头结构复杂，由多枚镜片组成，故而其重量相对于定焦镜头较重，不利于手持拍摄，且成像亦不如定焦镜头优异，易形成杂光和眩光。变焦镜头的优点是可一头多用，一支镜头可得到多个焦段的成像效果；且拍摄者不必移动位置，调整镜头焦距即可完成拍摄，极大地方便了拍摄。索尼微单系列机型体型小巧，功能强大，搭载大变焦镜头后可应对旅途中大多数题材的拍摄，使旅途更为轻松。

📷 机型：NEX-5T 镜头：E 18-200mm F3.5-6.3 OSS 快门速度：1/160秒 光圈：F13 感光度：200 焦距：35mm 白平衡：自动 曝光补偿：0EV

▲ 上面这组图是拍摄者在旅途中使用同一变焦镜头拍摄的。在表现海岸线时，拍摄者以镜头的广角端拍摄，纳入了较大范围的宽广景物；而在拍摄较小的花朵时，则将镜头调至长焦端，将影像拉近，使其得到大而突出的表现。由此可见，变焦镜头适合拍摄的题材众多，可一头多用。如果拍摄者对画质的要求不是很高，变焦镜头是个不错的选择

📷 机型：α5000 镜头：E 18-200mm F3.5-6.3 OSS 快门速度：1/2000秒 光圈：F5.6 感光度：100 焦距：120mm 白平衡：自动 曝光补偿：0EV

▲ 此图是拍摄者使用变焦镜头的广角端拍摄的。要在近距离内摄入较为广阔的景物，使用变焦镜头的广角端非常方便

📷 机型：α7R 镜头：Vario-Tessar T* FE 24-70mm F4 ZA OSS 快门速度：1/2000秒
光圈：F5.6 感光度：200 焦距：24mm
白平衡：自动 曝光补偿：0EV

5.5 索尼微单全画幅镜头

本节我们将讲解全画幅索尼微单镜头。此类镜头以卡尔蔡司镜头和G镜头为多，其镜头材质优良，配合全画幅微单相机机身，即使相机的性能得到完美诠释，又令镜头的高品质得到充分发挥，确保成像优异。

■5.5.1 蔡司标准变焦镜头Vario-Tessar T* FE 24-70mm F4 ZA OSS（SEL2470Z）

此镜头是卡尔·蔡司全画幅标准变焦镜头，拥有高性能成像及机动性。该镜头具有卡尔·蔡司T*涂层、高级光学设计，在变焦范围内实现恒定F4最大光圈，具光学防抖、防尘防滴功能。其涵盖24mm～70mm焦段，广角与标准焦段兼具。采用高级光学设计以减小色差和失真。在微距手持拍摄或在室内昏暗的照明情况下拍摄时，配合防抖模式和手持夜景模式，无需提高感光度即能拍摄出清晰的低噪点图像。适合拍摄人像、风光等题材。

Vario-Tessar T* FE 24-70mm F4 ZA OSS

选 项	说 明
最小光圈	F22
镜头结构	10组12片
光圈叶片	7片（圆形）
35mm等值	36mm～105mm
视角	APS-C：约61°～23° 全画幅：约84°～34°
最近对焦距离	约0.4m
最大倍率	约0.4倍
滤光镜直径	67mm
规格（最大直径×长）	约73mm×94.5mm
重量	约426g

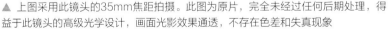
机型：α7 镜头：Vario-Tessar T* FE 24-70mm F4 ZA OSS 快门速度：1/2500秒
光圈：F4.5 感光度：160 焦距：35mm 白平衡：自动 曝光补偿：0EV

▲ 上图采用此镜头的35mm焦距拍摄。此图为原片，完全未经过任何后期处理，得益于此镜头的高级光学设计，画面光影效果通透，不存在色差和失真现象

机型：α7R 镜头：Vario-Tessar T* FE 24-70mm F4 ZA OSS 快门速度：1/40秒
光圈：F4 感光度：800 焦距：70mm
白平衡：自动 曝光补偿：0EV

◀ 左图采用此镜头的标准焦段拍摄。由于是在较暗的室内拍摄，设置感光度为ISO 800。得益于该镜头的防抖模式，虽然采用手持拍摄，而且快门速度较低，画质依然良好。人物的肤色、肤质及虚化均得到较好表现

■ 5.5.2 蔡司人文镜头Sonnar T* FE 35mm F2.8 ZA（SEL35F28Z）

此镜头是卡尔·蔡司全画幅人文定焦镜头，具明亮的恒定F2.8最大光圈设计，光学性能优异。该镜头具蔡司T*涂层，可以减少耀斑和重影，以及防尘防滴设计，镜身采用铝合金材质，做工精致。其35mm焦距的用途广泛，是较为理想的全画幅定焦挂机头。方便携带且紧凑小巧的镜身设计更增强了此款镜头的机动性能和快速响应的拍摄需要。适合拍摄街景、人像、风光、静物等题材。

Sonnar T* FE 35mm F2.8 ZA

◀ 左图，采用此镜头近距离拍摄，在大光圈下，仅对焦点上的主体清晰对焦，制造出丰富的画面层次，令画面更有看头。得益于该镜头的高品质成像，画面的色彩、虚化效果均优

选 项	说 明
最小光圈	F22
镜头结构	5组7片
光圈叶片	7片（圆形）
35mm等值	52.5mm
视角	APS-C：约44° 全画幅：约63°
最近对焦距离	约0.35m
最大倍率	约0.12倍
滤光镜直径	49mm
规格 （最大直径×长）	约61.5mm×36.5mm
重量	约120g

📷 机型：α7S 镜头：Sonnar T* FE 35mm F2.8 ZA 快门速度：1/1250秒 光圈：F2.8 感光度：400 焦距：35mm 白平衡：自动 曝光补偿：0EV

▼ 下图，拍摄者使用该镜头在高处俯拍广场，纳入广阔的空间。画面中，无论是游人还是建筑，均得到了细腻表现。画面成像锐利，光影层次丰富、通透

📷 机型：α7R 镜头：Sonnar T* FE 35mm F2.8 ZA 快门速度：1/1000秒 光圈：F6.3 感光度：320 焦距：35mm 白平衡：自动 曝光补偿：0EV

5.5.3 蔡司标准定焦镜头 Sonnar T* FE 55mm F1.8 ZA（SEL55F18Z）

该镜头为F1.8大光圈全画幅标准定焦镜头，55mm的焦距近似于人眼视角，令拍摄的照片真实而具临场感，呈现高对比度和高解析力的卡尔·蔡司品质。该镜头具9叶片圆形光圈设计，能够轻松实现美丽的散焦效果。且该镜头采用内对焦系统，可进行高速自动对焦。同时该镜头具紧凑精湛的高品质镜身设计，以及防尘防滴功能。适合拍摄人像、静物及风光题材。

Sonnar T* FE 55mm F1.8 ZA

📷 机型：α7 镜头：Sonnar T* FE 55mm F1.8 ZA 快门速度：1/125秒 光圈：F2 感光度：400 焦距：55mm 白平衡：自动 曝光补偿：0EV

▶ 右图采用此镜头所摄，得益于该镜头的内对焦，使高速自动对焦变得轻而易举，捕捉到宝宝仰头的瞬间画面，婴儿的肤质亦得到如实再现

选　　项	说　　明	选　　项	说　　明
最小光圈	F22	最近对焦距离	约0.5m
镜头结构	5组7片	最大倍率	约0.14倍
光圈叶片	9片（圆形）	滤光镜直径	49mm
35mm等值	82.5mm	规格（最大直径×长）	约64.4mm×70.5mm
视角	APS-C：约29° 全画幅：约43°	重量	约281g

◀ 在拍摄左图时，设置光圈为F2，使靠墙而坐的主体清晰。虽然在大光圈的设置下，人像细节依然得到锐利表现

📷 机型：α7S 镜头：Sonnar T* FE 55mm F1.8 ZA 快门速度：1/1000秒 光圈：F2 感光度：100 焦距：55mm 白平衡：自动 曝光补偿：+0.3EV

5.5.4 长焦变焦镜头FE 70-200mm F4 G OSS（SEL70200G）

该镜头具ED超低色散玻璃镜片、高级非球面透镜及纳米抗反射涂层等，达到优异成像性能。其恒定F4最大光圈和9叶片圆形光圈设计呈现美丽的散焦效果，内置光学图像稳定系统，具防尘防滴设计。此镜头采用内对焦系统和双线性马达，使镜头反应迅速且对焦安静，涵盖70mm～200mm焦段，适合拍摄人像、静物、风光、野生动物及鸟类等题材。

FE 70-200mm F4 G OSS

选 项	说 明
最小光圈	F22
镜头结构	15组21片
光圈叶片	9片（圆形）
35mm等值	105mm～300mm
视角	APS-C：约23°～8° 全画幅：约34°～12°30′
最近对焦距离	约1.0m～1.5m
最大倍率	约0.13倍
滤光镜直径	72mm
规格 （最大直径×长）	约80mm×185mm
重量	约840g

机型：α7S 镜头：FE 70-200mm F4 G OSS 快门速度：1/60秒 光圈：F4 感光度：400 焦距：85mm 白平衡：自动 曝光补偿：0EV

▲ 上图采用此镜头的85mm焦距所摄。拍摄者在室外对焦于窗内的模特，得益于镜头的内对焦系统，保证了在昏暗光线下对焦的迅速；其内置的光学图像稳定系统保证了手持拍摄时图像的稳定

◀ 左图中的雕塑是高大建筑的顶端，为了细腻表现其精美的雕刻艺术，拍摄者使用该镜头的长焦端进行拍摄。得益于该镜头的优异光学结构，虽然在强光下，画面中雕塑的质感及色彩表现均优

机型：α7R 镜头：FE 70-200mm F4 G OSS 快门速度：1/250秒 光圈：F5.6 感光度：200 焦距：150mm 白平衡：自动 曝光补偿：0EV

小常识：

长焦变焦镜头焦距很长，因此可以放大拍摄远处的被摄体，可广泛用于动物、风光、人像等各种摄影领域。而且此类镜头容易制造浅景深的画面效果，可以表现大幅虚化背景、突出主体的画面。

5.5.5 经济型标准变焦镜头FE 28-70mm F3.5-5.6 OSS（SEL2870）

该镜头拥有使用率高的28mm～70mm焦段，既能够拍摄风光，亦可拍摄人像，用途广泛，可满足常规拍摄需求。3枚非球面镜片和1枚ED玻璃镜片，令图像色差很小。其内置光学防抖图像稳定功能，实现清晰锐利的手持拍摄效果，在防抖模式和手持夜景模式下，利用该镜头的光学防抖图像稳定技术，无需提高感光度也能够在夜间、室内或任何低照明条件下轻松拍出美观图像。该镜头具防尘防滴设计，性能优良，轻盈小巧，且价格实惠，是一款高性价比的经济型镜头。

FE 28-70mm F3.5-5.6 OSS

选 项	说 明
最小光圈	F22～36
镜头结构	8组9片
光圈叶片	7片（圆形）
35mm等值	42mm～105mm
视角	APS-C：约54°～23° 全画幅：约75°～34°
最近对焦距离	约0.3m～0.45m
最大倍率	约0.19倍
滤光镜直径	55mm
规格 （最大直径×长）	约72.5mm×83mm
重量	约295g

📷 机型：α6000 镜头：FE 28-70mm F3.5-5.6 OSS 快门速度：1/100秒 光圈：F9
感光度：100 焦距：70mm 白平衡：自动 曝光补偿：0EV

▲ 上图拍摄者利用此镜头的长焦端拍摄，其ED镜片和非球面镜片保证了图像的色彩表现。由于该镜头最近对焦距离短，拍摄者利用这个特性近距离拍摄，得到近似于微距的画面效果，花朵的质感得到细腻表现

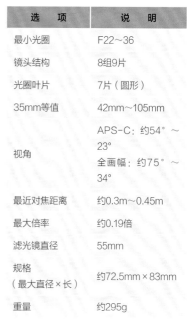

109

📷 机型：α7 镜头：FE 28-70mm F3.5-5.6 OSS
快门速度：1/125秒 光圈：F11 感光度：100
焦距：24mm 白平衡：自动 曝光补偿：0EV

◀ 左图是拍摄者采用该镜头的广角端拍摄的。在近距离内，取景广阔。得益于该镜头的内置光学防抖图像稳定器，令手持拍摄的画面清晰锐利

小常识：
广角变焦镜头拥有很宽的视角，可以将较大范围内的物体收入一张照片中。虽然多用于风光和建筑摄影，但也可以灵活地运用其宽广视角带来的畸变进行抓拍。

5.6 索尼微单APS-C画幅镜头

索尼E系列APS-C画幅镜头到目前为止已生产了十几款之多，用户有较多的挑选余地。其焦段范围为10mm～210mm，涵盖了从广角到长焦的焦距，能够应对人像、风光、花卉的取景拍摄。下面我们就对各镜头表现及其特性进行讲解，方便选购及使用。

■ 5.6.1 广角变焦镜头E 10-18mm F4 OSS（SEL1018）

此款镜头采用18mm长焦端向里变焦，镜头做工精细，为金属质感，尾部采用金属卡口设计，卡口使用强度大，延长了镜头寿命。1片低色散玻璃镜片和3片非球面镜片保证了画质。体积在超广角镜头中大小适中，在拍摄建筑风景时有着非常震撼的表现力。内置OSS防抖，采用了恒定F4光圈的设计，无论静止拍摄还是短片录制，有足够的进光量，保证了大光圈拍摄的背景虚化效果。中心分辨率较好，边缘分辨率较差，畸变控制能力差。

选 项	说 明
最小光圈	F22
镜头结构	8组10片
光圈叶片	7片（圆形）
35mm等值	15mm～27mm
视角	约109°～76°
最近对焦距离	约0.25m
最大倍率	约0.1倍
滤光镜直径	62mm
规格（最大直径×长）	约70mm×63.5mm
重量	约225g

小常识：
相机的画幅决定了镜头在实际拍摄时的焦距与视角。由于APS-C画幅和35mm全画幅感光元件的面积不同，因而具APS-C画幅的曾经的NEX系列机型的视角相对狭窄。

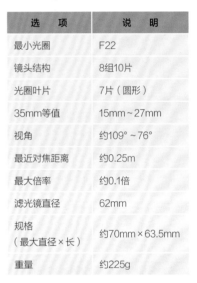

E 10-18mm F4 OSS

📷 机型：NEX-5T 镜头：E 10-18mm F4 OSS 快门速度：1/4000秒 光圈：F6.3 感光度：800 焦距：10mm 白平衡：自动 曝光补偿：0EV

▲ 上图拍摄者利用此镜头的广角端拍摄，取景于街道，表现出强烈的近大远小的透视感，张力十足。画面中的景物成像锐利，画质表现优异

■ 5.6.2 电动变焦镜头E PZ 16-50mm F3.5-5.6 OSS（SELP1650）

此镜头是一款轻便的标准变焦镜头，也是目前搭配NEX-6及NEX-5R两款产品的套机镜头。它的体积较E 18-55mm F3.5-5.6 OSS镜头相比明显"瘦身"，外形纤薄轻量，携带方便。覆盖从16mm广角到50mm的焦段，具更强广角表现力。另外它还首次搭配了电动对焦马达，更加适合拍摄视频。从性能配置上看，具体为9片8组的镜头结构，包含了1片低色散玻璃镜片和4片非球面镜片，保证了画质表现。其内置OSS防抖系统，可提升约4级快门速度。

E PZ 16-50mm F3.5-5.6 OSS

选 项	说 明
最小光圈	F22～F36
镜头结构	8组9片
光圈叶片	7片（圆形）
35mm等值	24mm～75mm
视角	约83°～32°
最近对焦距离	约0.25m～0.3m
最大倍率	约0.215倍
滤光镜直径	40.5mm
规格（最大直径×长）	约64.7mm×29.9mm
重量	约116g

机型：α5000　镜头：E PZ 16-50mm F3.5-5.6 OSS　快门速度：1/250秒　光圈：F5.6　感光度：320　焦距：50mm　白平衡：自动　曝光补偿：0EV

▲ 上图拍摄者利用此镜头的长焦端拍摄人像写真，其低色散镜片和非球面镜片保证了画质。明亮的光线保证了充足的照明，并配合大光圈，使主体人像得到了细腻而突出的表现

◄ 左图拍摄者以此镜头的广角端近距离拍摄。本身较为狭窄的电话亭在镜头中表现变得异常宽阔。亭子的黄色框架远小而于近处急剧变大、变粗，并延展至画外，使人产生身临其境之感

机型：α6000　镜头：E PZ 16-50mm F3.5-5.6 OSS　快门速度：1/250秒　光圈：F5.6　感光度：200　焦距：16mm　白平衡：自动　曝光补偿：0EV

5.6.3 高倍率变焦镜头E 18-200mm F3.5-6.3 OSS（SEL18200）

此款镜头具备11倍变焦倍率，覆盖18mm～200mm焦段，配合APS-C画幅的微单相机，可得到35mm等值27mm～300mm的焦距，广角、长焦兼具，可应对风光、人像、静物、野生动物、鸟类等众多题材的拍摄，一头多用，使拍摄更为方便自如。其内置光学防抖功能，可以保证手持拍摄时的稳定性。并配备1片低色散下班镜头和4片非球面镜头，保证了出众的画质。其7片圆形光圈使焦外虚化柔和美丽。

E 18-200mm F3.5-6.3 OSS

选 项	说 明
最小光圈	F22～F40
镜头结构	12组17片
光圈叶片	7片（圆形）
35mm等值	27mm～300mm
视角	约76°～8°
最近对焦距离	约0.3m～0.5m
最大倍率	约0.35倍
滤光镜直径	67mm
规格 （最大直径×长）	约75.5mm×99mm
重量	约524g

📷 机型：α5000 镜头：E 18-200mm F3.5-6.3 OSS 快门速度：1/400秒 光圈：F6.3 感光度：200 焦距：200mm 白平衡：自动 曝光补偿：0EV

▲ 上图拍摄者利用此镜头的最近对焦距离，以镜头的长焦端近距离拍摄微小的蜜蜂。主体花瓣及昆虫得到突出表现，成像细腻，焦外虚化效果柔和

◀ 左图拍摄者使用此镜头的广角端拍摄。前景的栏杆和远端的房屋被纳入画面，透视空间得到突出表现。画面中，在晴朗的天气下，景物色彩明丽，表现出幽静闲适的庄园之美

📷 机型：NEX-7 镜头：E 18-200mm F3.5-6.3 OSS 快门速度：1/1000秒 光圈：F5.6 感光度：160 焦距：19mm 白平衡：自动 曝光补偿：0EV

■ 5.6.4 中长焦变焦镜头E 55-210mm F4.5-6.3 OSS（SEL55210）

此款镜头覆盖中长焦段，是轻巧、方便的变焦镜头，拥有3.8倍的变焦倍率，适合拍摄运动题材。此镜头与E 18-55mm F3.5-5.6 OSS镜头对应互补，两只镜头能够覆盖18mm～210mm。内置光学防抖功能，有利于使用长焦端手持拍摄的稳定性。含有2片非球面镜片和2片ED镜片，可以有效解决拍摄时镜头光晕、鬼影情况的发生。金属卡口设计，可有效提升镜头寿命。此镜头不具备用来锁定变焦环的推动卡锁，因此在使用中需稍加小心，以免镜头意外滑落。

E 55-210mm F4.5-6.3 OSS

选 项	说 明
最小光圈	F22～F32
镜头结构	9组13片
光圈叶片	7片
35mm等值	82.5mm～315mm
视角	约28.2°～7.8°
最近对焦距离	约1.0m
最大倍率	约0.225倍
滤光镜直径	49mm
规格（最大直径×长）	约63.8mm×108mm
重量	约345g

机型：NEX-6 镜头：E 55-210mm F4.5-6.3 OSS 快门速度：1/200秒 光圈：F5.6 感光度：1000 焦距：126mm 白平衡：自动 曝光补偿：+0.3EV

▲ 上图拍摄者利用此镜头的中长焦段拍摄近景人像，其非球面镜片及ED镜片保证了室内成像的高画质。拍摄者结合人脸检测，使对焦更迅速，保证了拍摄速度

▶ 右图拍摄者以此镜头的长焦端在远距离拍摄，将小鸟拉近，以"连续自动对焦"模式结合"速度优先连拍"捕捉到小鸟飞翔的瞬间画面

机型：NEX-7 镜头：E 55-210mm F4.5-6.3 OSS 快门速度：1/800秒 光圈：F6.3 感光度：400 焦距：210mm 白平衡：自动 曝光补偿：0EV

■ 5.6.5 纤薄饼干头E 20mm F2.8（SEL20F28）

此镜头是索尼开发的第二款E卡口饼干头，质量轻、体积小，便于携带，适合拍摄风光及人文景观。安装在相机上的等效焦距约为30mm，AF采用步进马达，提供宁静的自动对焦。该镜头采用高品质的光学结构设计，6组6枚镜片结构，包含3枚非球面镜片，以修正变形、相差等问题，从而提高影像素质。此外，该镜头采用了7片圆形光圈片的光圈结构。

E 20mm F2.8

选　项	说　明
最小光圈	F16
镜头结构	6组6片
光圈叶片	7片（圆形）
35mm等值	20mm
视角	约70°
最近对焦距离	约0.2m
最大倍率	约0.12倍
滤光镜直径	49mm
规格（最大直径×长）	约62.6mm×20.4mm
重量	约69g

📷 机型：NEX-5T 镜头：E 20mm F2.8
快门速度：1/1250秒 光圈：F5 感光度：1250
焦距：20mm 白平衡：自动 曝光补偿：0EV

◀ 左图是拍摄者采用此镜头在旅途中拍摄的。此镜头十分轻巧，因此能够保证手持拍摄的稳定性。此镜头的镜片较少，且有3枚非球面镜片，保证了高画质。该镜头视角广阔，能纳入较为宽广的景物。在仰拍的视角下，建筑内部的穹顶装饰结构成为重点表现对象，由近及远的空间透视感得到突出

注意：
虽然镜头本身的构造和光学特性不会发生变化，焦距不受感光元件尺寸的影响，80mm的镜头焦距始终是80mm，但由于索尼NEX微单系列机型为APS-C画幅机型，视角相对狭小，视角表现倾向于使用长焦镜头拍摄的效果。如果搭载50mm镜头，视角表现则类似于使用全画幅相机搭载80mm镜头拍摄的效果。

5.6.6 适合拍摄人像的E 50mm F1.8 OSS（SEL50F18）

此镜头作为第一款内置了OSS防抖系统的E卡口定焦镜头，具备F1.8的大光圈，能保证低光照环境下出色的拍摄能力和柔美的背景虚化效果。镜身采用经典金属材质，做工手感一流。另外，可对此镜头进行固件升级，使其具备"快速混合自动对焦"功能。此镜头小巧便携，适合拍摄人像。

E 50mm F1.8 OSS

选 项	说 明
最小光圈	F22
镜头结构	8组9片
光圈叶片	7片
35mm等值	75mm
视角	约32°
最近对焦距离	约0.39m
最大倍率	约0.16倍
滤光镜直径	49mm
规格 （最大直径×长）	约62mm×62mm
重量	约202g

机型：NEX-6 镜头：E 50mm F1.8 OSS 快门速度：1/200秒 光圈：F2.2 感光度：320 焦距：50mm
白平衡：自动 曝光补偿：0EV

▲ 在此镜头F1.8大光圈的表现下，上图背景形成柔美的化效果，使被摄体得到突出表现。由于该镜头进行了固件升级，自动对焦迅速，可在拍摄儿童肖像时实现快速抓拍

115

机型 α 5000
镜头：E 50mm F1.8 OSS
快门速度：1/500秒
光圈：F2
感光度：100
焦距：50mm
白平衡：自动
曝光补偿：0EV

▲ 上图是使用此镜头拍摄的。由于镜头为50mm定焦，为表现远景人像，将模特安排于较远处，拍摄者移动拍摄位置以纳入较大取景范围。在镜头的表现下，景物平实，人物突出，春季植物的色彩亦得到如实再现，表现出春日时光的美好

5.6.7 适合多种题材的E 35mm F1.8 OSS（SEL35F18）

此镜头的等效焦段为52.5mm，具备F1.8圆形大光圈，能够实现低光照环境下的拍摄，得到优美的背景散焦效果。该镜头净重154克，厚度为45mm，轻巧易携，适合拍摄人像、风景及静物等众多题材。对于摄影新手而言，适合购入练习摄影构图。此镜头内置OSS光学防抖，最高可达4级防震效果。

E 35mm F1.8 OSS

选 项	说 明
最小光圈	F22
镜头结构	6组8片
光圈叶片	7片（圆形）
35mm等值	52.5mm
视角	约44°
最近对焦距离	约0.3m
最大倍率	约0.15倍
滤光镜直径	49mm
规格 （最大直径×长）	约63mm×45mm
重量	约154g

📷 机型：α6000　镜头：E 35mm F1.8 OSS　快门速度：1/2000秒　光圈：F2　感光度：5000
焦距：35mm　白平衡：自动　曝光补偿：0EV

▲ 上图拍摄者利用此镜头拍摄花丛，其定焦镜头高画质的特性，使得花卉细节得到突出表现。在大光圈的表现下，画面的层次丰富，对焦清晰的花朵与虚化的前后景花丛形成对比，增强了画面的空间感表现

📷 机型：NEX-7
镜头：E 35mm F1.8 OSS
快门速度：1/200秒
光圈：F11
感光度：200
焦距：35mm
白平衡：自动
曝光补偿：0EV

▲ 上图是以此镜头拍摄的风光画面。由于其35mm等值焦距为52.5mm，可得到类似于使用全画幅相机配合标准镜头拍摄的画面。在拍摄此图时，拍摄者站在很远的位置拍摄，纳入较宽广的景物，表现出山间原野的雄浑葱翠之美

■5.6.8 微距镜头E 30mm F3.5 Macro（SEL30M35）

此镜头成像及色彩表现都异常出色，价钱适中。采用3片非球面镜和1片ED镜片，最近拍摄距离为95mm，可实现最大1:1的拍摄放大倍率。进行固件升级后，可具备"快速混合自动对焦"功能。使用在索尼微单相机上的等效焦距为30mm，此焦距用途广泛，可用于拍摄甜点、花卉等小物件，还可以充当人文镜头。

E 30mm F3.5 Macro

选 项	说 明
最小光圈	F22
镜头结构	6组7片
光圈叶片	7片
35mm等值	30mm
视角	约50°
最近对焦距离	约0.095m
最大倍率	约1.0倍
滤光镜直径	49mm
规格 （最大直径×长）	约62mm×55.5mm
重量	约138g

机型：α5000 镜头：E 30mm F3.5 Macro 快门速度：1/320秒 光圈：F3.5 感光度：200 焦距：30mm 白平衡：自动 曝光补偿：+2EV

▲ 上图是以此镜头拍摄的。拍摄者利用95mm的最近对焦距离，靠近樱花拍摄，主体影像得到了较好表现。在大光圈的设置下，仅合焦位置的花蕊部分成像清晰，获得了柔和的成像效果

▶ 右图是采用此镜头拍摄的。在大光圈的设置下，得到近景突出而远景虚化的效果，增强了画面空间及层次的表现

机型：α6000
镜头：E 30mm F3.5 Macro
快门速度：1/400秒
光圈：F3.5
感光度：160
焦距：30mm
白平衡：自动
曝光补偿：0EV

■5.6.9 蔡司镜头E Sonnar T* E 24mm F1.8 ZA（SEL24F18Z）

索尼微单NEX-7 2430万像素的有效输出需要优秀镜头的支持，Sonnar T* E 24mm F1.8 ZA镜头应运而生。该镜头是第一款E卡口的卡尔·蔡司镜头，全金属镜筒，全黑色风格与α卡口的蔡司镜头相同。宽大的对焦环，德国精密工艺在这支E卡口镜头上得以体现。该镜头采用了多层防反射镀膜，搭载NEX微单相机，相当于36mm焦距，是典型的人文镜头。其最近对焦距离16cm，最大光圈可达F1.8，带来高清晰度和高对比度的画质，以及美丽的焦外成像效果。

Sonnar T* E 24mm F1.8 ZA

选 项	说 明
最小光圈	F22
镜头结构	7组8片
光圈叶片	7片
35mm等值	52.5mm
视角	约44°
最近对焦距离	约0.16m
最大倍率	约0.25倍
滤光镜直径	49mm
规格 （最大直径×长）	约63mm×65.5mm
重量	约225g

118

📷 机型：NEX-7　镜头：Sonnar T* E 24mm F1.8 ZA　快门速度：1/100秒　光圈：F2.5　感光度：200　焦距：24mm　白平衡：自动　曝光补偿：0EV

▲ 上图是以此镜头远距离拍摄的，在垂直角度的仰拍下，画面中穹顶的色彩和立体感均得到如实再现

◀ 在蔡司镜头的表现下，左图中近景建筑及远景树木的质感、色彩得到如实再现。前后景物的层次及立体感表现突出，使人如身临其境一般

📷 机型：α6000
镜头：Sonnar T* E 24mm F1.8 ZA
快门速度：1/640秒
光圈：F8
感光度：160
焦距：24mm
白平衡：自动
曝光补偿：0EV

在了解了相机和镜头后，本章我们将讲解相机配件和辅助拍摄器材。拍摄环境千变万化，有时只有相机和镜头，是不能满足拍摄需求的（如夜景拍摄），这时就需要使用辅助器材来帮助完成拍摄。在拍摄此图时，天空晴朗，光照强烈。拍摄者在镜头前加装中灰滤镜，以降低镜头进光量，画面中的景物色彩表现真实自然。

机型：α7R 镜头：Vario-Tessar T* FE 24-70mm F4 ZA OSS
快门速度：1/80秒 光圈：F18 感光度：160 焦距：24mm 白平衡：自动
曝光补偿：0EV

相机配件及
摄影附件使
照片更完美

Chapter 06

6.1 应了解的存储卡知识

存储卡是用来存储图像的设备。存储卡的性能决定着照片的存储速度，并影响着相机的拍摄速度。索尼微单相机可使用Memory Stick PRO、Memory Stick PRO-HGDuo、SD存储卡、SDXC存储卡。专用同品牌存储卡为SF-N4和SF-UX型号SDHC存储卡。 在选购存储卡时，可从以下方面考虑。

1. 为了在拍摄中更好、更快地完成图像的存储，应选择大容量的存储卡。2. 如果需要存储大尺寸、RAW格式的照片，可选择较大容量的存储卡。在进行较大工作量的外拍时，则可考虑预备1～2块存储卡，以保证有足够的存储空间，且可避免因存储卡损坏而造成的风险。3. 存储卡的存储速度可直接影响拍摄速度，部分索尼微单机型的连拍速度可达10张/秒，因而建议用户选择高速存储卡，以加快存储速度。4. 存储卡也存在兼容性的问题。在购买存储卡时一定要记清相机对应的存储卡型号。

SF-32UX存储卡

SF-32N4存储卡

第1张　　　　第2张

◀ 左面两张图是采用高速连拍完成的。存储卡的较大容量及高速存储能力保证了连拍质量。如果存储卡容量较小，或者存储速度较慢，就会影响连拍速度

注意：
1. 索尼推出的Memory Card File Rescue照片恢复软件，支持照片、3D动态影像和60p影像文件（AVCHD）的恢复，可以帮助使用者恢复不小心删除的珍贵影像和视频。
2. 存储卡的实际存储量大多小于标注的存储量。
3. 在读取或写入数据时请勿取出存储卡。

6.2 索尼微单系列电池：NP-FW50

在数码相机中，电池的地位是显而易见的，我们可形象地将之比喻为相机的"粮草"，没有它，无论多高端的相机也将陷于瘫痪。电池的使用是有学问的，同样的一块电池，如果使用方法得当，就可延长其使用寿命。

索尼NEX微单系列采用NP-FW50锂电池，充电环境的温度要求在10℃～30℃，否则可能无法有效充电。如果15天以上不使用相机，应将电池从相机中取出单独存放，保存在干燥、阴凉的地方，并避免与金属物品存放在一起。在进行拍摄的前一天，应将电池充满，为拍摄做好充足准备。

NP-FW50电池

6.3 灵活使用脚架使拍摄更自如

脚架分为三脚架和独脚架,其通过云台来固定相机。独脚架轻便易携,并可起到延长拍摄力臂的作用,多用于旅游拍摄。而三脚架可有效避免手持拍摄引起的机震现象,多用于夜景拍摄及其他需要进行长时间曝光拍摄的情况。除此之外还有小型脚架,多用于微距摄影,如章鱼脚架。云台可与三脚架分开购买,一般来说,中高档的脚架都不配备云台,需另行购买。常用的云台类型有两种:三维云台和球形云台。拍摄者可根据需要灵活选择。

脚架最为常见的材质是铝合金,铝合金材质脚架的优点是重量轻、坚固。最新式的脚架则使用碳纤维材质制造,其比铝合金有更好的韧性,重量更轻,十分适合在旅游中使用。

选择三脚架时,第一要素是稳定性。如果脚架太轻,或者锁扣等连接部分制作不到位,会造成整体机架的晃动,无法起到稳定相机的作用。在选择脚架的承载重量时,应根据相机及镜头的重量进行选择。以承重量大于所使用器材的重量为宜,承重强度应从刚性、稳定性方面来考虑。三脚架的脚管节数越多收缩起来越短,携带越方便。但是,节数越多,在展开时花费的时间就越多,稳固性也较差。脚管间的锁扣也有不同,一般分为扳扣式及螺旋式。在高度的选择上,从相机机位的自由度来考虑,较高的脚架比较有利,可有效避开位于镜头前的障碍物;而从轻便性考虑,则较低的脚架更为合适。

快装板
水平仪
中轴
脚管
螺旋式锁扣
脚垫

三脚架结构示意

独脚架

安装于脚架上的三维云台

章鱼脚架

📷 机型:NEX-5T 镜头:E 18-200mm F3.5-6.3 OSS 快门速度:1秒 光圈:F4 感光度:400 焦距:16mm
白平衡:自动 曝光补偿:0EV

▲ 在进行夜景拍摄时,所需曝光时间较长,因此手持拍摄难度较大,极易造成画面模糊,导致拍摄失败。在这种情况下,我们可使用三脚架来固定相机,以起到稳定相机的作用。在拍摄上图时,拍摄者将相机固定在三脚架上,得到了长时间曝光下的清晰画面

由于索尼微单系列相机体型较小，为了轻便起见，独脚架用得较多。其使用方法更为灵活，也更为实用，下面我们介绍一下独脚架的使用姿势。

独脚架使用姿势

姿势1：左脚和右脚可相互平行或双脚稍微张开约10°。独脚架与双腿的距离为2英尺左右，呈20°。使相机尽可能靠近胸部，弯曲两肘靠近体侧。在手紧握脚架的顶端和相机底端。

姿势2：左脚前，右脚后。左脚内旋大约10°，右脚和左脚平行。弯曲左腿，把独脚架靠到大腿上。左手握持脚架的顶端和相机底端，适当用力朝地面下压架身并稍许左倾。

姿势3：左右脚可相互平行，或者两只脚稍许打开10°。独脚架穿过腿在左脚3英寸～5英寸后，弯曲左腿，把独脚架靠到大腿上，同时将独脚架安排在左脚内侧。左手握住独脚架的顶端和相机底端，适当用力朝地面下压架身并稍许左倾。

姿势1

姿势2

姿势3

安有底座的独脚架既可作为独脚架使用，又可以作为支撑架、三脚架、小型脚架使用，下面列举几种不同的使用方法。

作为支撑架使用

可将独脚架作为支撑架使用，适合户外拍摄、体育赛事拍摄及高角度拍摄。

作为三脚架使用

将独脚架的底座打开，作为三脚架使用，可在狭小空间（如在比赛及演出观众席中）进行长时间拍摄。

作为小型脚架使用

可将独脚架中轴缩短，作为小型脚架使用，适合低角度及微距拍摄。

独脚架使用示意：作为支撑架使用

独脚架使用示意：作为三脚架使用

独脚架使用示意：作为小型脚架使用

注意：
使用独脚架时有以下几点需要注意。
1. 在使用独脚架时，应该握住脚架的正上方。
2. 应尽量伸长脚架，使相机与视线平齐。
3. 云台要与快装板紧密结合，如果结合不严，即便脚架再稳固也无济于事；云台的面积和表面材质的选择关系到机身内部反光板的震动；软木的快装板表面比像胶材质的要好，且快装板的面积越大越好。

6.4 ▶ 滤镜使拍摄更具趣味性

滤镜是加装在镜头前端的单枚镜片，用于调整进入镜头的光量、营造画面氛围、获得特殊的画面效果，以及保护镜头。滤镜的材质主要为树脂、玻璃及其他一些特殊材质。选择滤镜的型号时，应选择与镜头口径一致的型号。滤镜的种类多种多样，下面我们对一些常用滤镜的作用及使用方法进行具体介绍。

■ 6.4.1 UV滤镜有效保护镜头

在使用数码相机时，UV滤镜主要用于保护镜头，并有消除紫外线及杂光的作用。镜头为精密的光学仪器，并且价格不菲，而拍摄者稍不留神，就会对镜头造成无法弥补的伤害。相比于镜头，UV滤镜的价格几乎可以忽略不计，且此滤镜透明无色，对成像无任何影响。因此，为保护镜头起见，加装一枚小小的UV滤镜使镜头免于不必要的伤害，是很有必要的。

UV滤镜

📷 机型：α6000 镜头：E 10-18mm F4 OSS 快门速度：1/200秒 光圈：F11 感光度：160 焦距：14mm 白平衡：自动 曝光补偿：0EV

▲ 上图是拍摄者在加装UV滤镜后拍摄的。在晴朗的光线下，加装UV镜后，既可保护镜头，又可有效减少杂光的进入，同时消除户外光线中紫外线对画面的影响，避免灰雾现象。此外，UV滤镜的材质是透明的，不影响进入镜头的光量，画面景物色彩明丽，光影层次细腻

小常识：
一支优秀的镜头一定要选用高档的滤镜。在挑选时应从坚固、轻薄、光学性能等方面考虑。数码成像更容易产生眩光，因而顶级滤镜的边框通常使用黑色喷砂材料，甚至连镜片本身都采用毛边玻璃，这都是为了最大限度地避免反射光的干扰。

6.4.2 偏振镜滤除偏振光使画面更通透

偏振镜简称PL镜，是一种中性的灰色镜片，可避免偏色的影响，适用于彩色及黑白摄影。偏振镜可降低进入镜头的光量，并可消除玻璃和水面等非金属表面的反光。在晴朗的天气下，蓝天与太阳呈90°方向时会形成偏振光，安装偏振镜可增强白云和蓝天的对比，使户外风光画面更加明净。偏光的消除，不但能提高影像的明晰度，而且能提高色彩的饱和度，使景物的颜色更鲜艳。偏振镜由两片透明的光学玻璃组成，在玻璃之中夹着一片塑胶材质的偏光膜。在使用偏振镜时，拍摄者需转动镜片，从取景器查看滤镜转动效果。当物体表面反射出来的光线方向与滤镜偏光膜互成直角时，可有效阻挡偏光进入镜头；而在其他角度则可使部分偏光进入镜头。当反光部分由亮转暗，即是消除反光的最佳角度。

现在市面上的偏振镜大多为圆形偏振镜（CPL），在选购时，拍摄者应根据自己的镜头口径进行选择。

需要说明的是，金属、水银镜片、电镀品的金属反光不含偏振光，因此它们的反光无法使用偏振镜消除。

偏振镜

📷 机型：α7　镜头：Vario-Tessar T* FE 24-70mm F4 ZA OSS　快门速度：1/400秒　光圈：F8
感光度：160　焦距：35mm　白平衡：自动　曝光补偿：0EV

▲ 上图是在中午时分拍摄的，拍摄者在镜头前加装了偏振镜，以过滤偏振光。在逆光下，天空并未因强逆光而过曝，色彩得到真实再现，景物细节亦得到了细腻表现

未使用滤镜拍摄的画面

注意：
在夜晚进行长时间曝光时，此时所有滤镜都会在明亮的光源照射下产生眩光和鬼影，如路灯和月亮。这时我们就需要摘掉滤镜来避免画质下降。

6.4.3 中灰滤镜调节镜头通光量

中灰滤镜简称ND滤镜，也称为中灰密度镜，可在不影响被摄体色彩表现的同时，有效降低镜头的进光量，起到降低快门速度的作用。如果需要在光线很好的室外拍摄动感模糊的画面，而缩小光圈、降低感光度都无法得到低速快门时，就可加装一枚中灰滤镜。根据密度的不同，中灰滤镜可分为ND2、ND4、ND8 等，数值越大表示其密度越高，减光的能力也就越强。ND2 的光量透过率是原光线的 1/2（相当于降低了一档光圈）；ND4 的光量透过率是原来光量的 1/4 ，依此类推。

中灰滤镜

未使用滤镜拍摄的画面

📷 机型：α7S 镜头：Sonnar T* FE 35mm F2.8 ZA 快门速度：1/6400秒 光圈：F3.2 感光度：320 焦距：35mm 白平衡：自动 曝光补偿：0EV

▶ 由于现场光线强烈，右图拍摄者在镜头前安装中灰滤镜以降低光线照射强度，使景物色彩得到了如实再现

6.4.4 中灰渐变镜平衡画面明暗

中灰渐变镜也称GND滤镜，其与中灰密度镜的作用是一样的，只是中灰密度镜通体灰色，而中灰渐变镜的镜片呈现从灰到透明的渐变。当天空与地面有强烈的明暗差时，使用此滤镜可减少这种现象导致的光比，平衡画面明暗，使天空与地面都得到较好表现。中灰渐变镜的渐变效果并不都是一样的，有的镜片渐变过渡柔和，称为软渐变镜；而有的镜片渐变过渡明显，称为硬渐变镜。拍摄者可根据拍摄需要调整镜片的渐变位置。

中灰渐变镜

未使用滤镜拍摄的画面

📷 机型：α6000 镜头：E 10-18mm F4 OSS 快门速度：1/1600秒 光圈：F7.1 感光度：800 焦距：12mm 白平衡：自动 曝光补偿：0EV

▶ 右图为逆光拍摄，天空较亮。为使景物细节得到表现，拍摄者使用中灰渐变镜，将镜片的中灰部分旋转至天空处，起到平衡画面亮度的作用

6.5 卡口适配器大大扩展可用镜头组

虽然目前索尼微单机型已拥有十多支E卡口镜头，可满足一般焦段的拍摄需求，但是对于渴望有更多表现的用户来讲，就显得有些不够用了。因此，索尼公司研制开发了卡口适配器，用于连接E卡口镜头之外的α系列镜头，从而大大丰富了索尼微单相机的可使用镜头数量，满足拍摄者的不同需求。下面，我们以LA-EA2卡口适配器的安装为例，对卡口适配器的安装和使用进行介绍。

安装步骤

Step 1 将卡口适配器与机身卡口上的白点对齐。

Step 2 顺时针旋转，卡口适配器与机身连接。

Step 3 将镜头与卡口适配上的红点对齐。

Step 4 顺时针旋转，镜头安装完毕。

安装后的效果

LA-EA2

LA-EA2对应于索尼微单的APS-C画幅相机，能够转接几十款α卡口镜头，其内部的自动对焦马达（15点自动对焦系统，3个十字传感器）使其在拍摄静态照片和动态影像时可实现自动对焦。

LA-EA4

适用于全画幅α卡口镜头。连接相机与镜头后可实现高速连续拍摄。其自动对焦类型为TTL相位检测自动对焦，对焦点采用15点自动对焦，3个十字传感器跟踪对焦。具备光圈调节机制，可自动曝光。

注意：
1. 安装卡口适配器后，会使快门速度降低。
2. 安装无马达镜头时，最后安装的时候需要稍微用力一些，以保证与对焦马达对上齿，否则可能会产生对焦马达空转的情况。
3. 卡口适配器搭载无马达镜头追焦时会产生很大的噪声，这些噪声会被直接记录到视频中，影响视频效果，可将"动态影像录音"设为"关"。
4. 在第一次安装完镜头后，需要进行自动对焦区域的设置。
5. 使用α卡口镜头时，可以在拍摄动态影像的过程中自动对焦。可使用单次自动对焦和连续自动对焦。
6. 由于光圈是固定的，光圈控制仅在手动对焦模式中可用。如果想要手动调节光圈值，应预先将对焦模式选为MF，曝光模式选为A模式或M模式再拍摄。

6.6 外接闪光灯辅助照明

相比于内置闪光灯，外接闪光灯的操作更加自由灵活，可实现机、灯分离，还可进行无线闪光，且外接闪光灯的发光量大于内置闪光灯，可对位于远处的被摄体进行补光，并使画面中的光效更自然，平衡前后景亮度。另外，拍摄者可调整闪光灯的发光强度，自主决定被摄体亮度，还可改变闪光方向，进行跳闪操作。用于微单相机的外接闪光灯有HVL-F20M、HVL-F60M等，其中HVL-F20M闪光灯较为轻便易携，在此做一下介绍。

HVL-F20M闪光灯

HVL-F20M闪光灯仅重105g，时尚精巧，闪光灵活，还可进行无线引闪，配合相机控制多支闪光灯。长宽高约为62mm×114mm×24mm，厚度仅为24mm，可轻松折叠，便于携带。当此闪光灯设置为"直射"状态时，在"标准模式"下，闪光范围覆盖27mm广角；而在"远摄模式"下，可达50mm闪光范围。

摘掉保护盖的热靴触点

使用7号电池

背面指示灯点亮时，进入待机模式

反射切换按钮，可切换直射或跳闪

左侧TELE旋钮可控制闪光范围，自动设置闪光亮度，调整白平衡和色彩平衡

注意：
1. 在使用HVL-F20M闪光灯的"远摄模式"时，只会照亮照片的中央部分。为达到最佳效果，建议配合焦距在50mm以上的镜头。
2. 在使用外接闪光灯进行连拍时，如果需要连拍多张，应适当提高感光度以免因闪光灯电池续航力不足而降低连拍速度。

VL-F20M安装在热靴上折叠时的状态

HVL-F20M安装在热靴上展开时的状态

▲ 拍摄此图时，由于室内光线较暗，拍摄者利用闪光灯为人物补光，使其得到正常曝光，并与背景亮度协调。在多灯配合照明下，通过对闪光灯亮度的调节，使被摄者受光均匀，光影过渡自然

机型：NEX-6　镜头：E 35mm F1.8 OSS
快门速度：1/200秒　光圈：F1.8　感光度：200
焦距：35mm　白平衡：自动　曝光补偿：0EV

6.7 反光板是简易的补光工具

反光板用途广泛，可用于为拍摄对象的局部进行补光。反光板所反射的光线为现场光，因此拍摄者可得到柔和而自然的补光效果。反光板作为拍摄中的辅助设备，常与支架、灯光同时使用。其作用有以下几点：可使平淡的画面色彩更加饱满，有助于表现拍摄对象的立体感；可以折射部分光线，使需要突出的局部细节影像更清晰；补光效果柔和，可使成像更自然。

反光板主要有三种：金色、银色、白色，其表面为不规则纹理，光线在其表面会产生漫反射效果，使光源扩大，创造出和散射光类似的光影效果，适用于人物的脸部照明。一般来讲，当环境光线较暗时，可使用反光较强的银色反光板；如果想表现暖调的画面效果，可使用金色反光板；白色反光板是最为常用的，所反射的光线明净柔和而均匀，多用于人像摄影。

金色、银色反光板

白色反光板

金色反光板

▶ 右图拍摄者采用白色反光板拍摄。在逆光下，拍摄者采用反光面积较大的白色反光板对人物进行补光，得到柔和而均匀的照明效果，营造出明净、雅致的氛围，突出了模特的柔美

129

📷 机型：α7 镜头：Vario-Tessar T* FE 24-70mm F4 ZA OSS 快门速度：1/80秒 光圈：F4
感光度：320 焦距：66mm 白平衡：自动 曝光补偿：0EV

▲ 上图拍摄者采用金色反光板为人像背光面补光，使画面整体呈现暖色调。金色反光板的反光强烈，可有效为人物面部补光，并表现出暖调效果，营造柔暖、暧昧的氛围，表现出模特的性感

白色反光板

📷 机型：NEX-5T 镜头：Vario-Tessar T* E 16-70mm F4 ZA OSS 快门速度：1/80秒 光圈：F4
感光度：500 焦距：30mm 白平衡：自动
曝光补偿：0EV

6.8 摄影包使摄影器材更安全便携

出于对摄影器材保护及便携性的考虑，选择一款合适的摄影包是很有必要的。在选择摄影包时，首先应考虑拍摄者的拍摄习惯、器材的多寡，以及拍摄任务的性质。

如果是在旅途中进行拍摄，在面料的选择上，应优先考虑防水面料，以免在阴雨天因淋湿而损坏相机。另外，摄影包的便携性也是考虑的重点，拍摄者应轻装上阵，减少旅途的负重。一般而言，索尼微单相机与镜头的体积较小，可选择较小的摄影包，以便携带、使用。

如果用于街头抓拍，则可根据所需功能、款式、容量来选择，在确定了随身携带器材的数量和重量后再选择摄影包。双肩摄影包可使双肩共同承担负重，并将双手解放出来，不妨碍摄影，使拍摄更方便；而使用斜挎的单肩包则可将其置于身前，保证摄影器材的安全。

摄影包的面料主要分为纯棉防水帆布、棉麻面料、高密度防撕防水尼龙等，具有良好的耐磨性。在摄影包的内部应有海绵垫，以免器材之间的相互磕碰。另外，虽然有的摄影背包具备防雨功能，但并不能真正防水，只能临时起到挡小雨的作用。因而在雨天拍摄时，还应预备防雨罩以避免雨水渗入而弄湿相机。除此之外，由于摄影器材较为贵重，为安全、防盗，我们还可选择外表时尚、造型简洁的摄影包，这样可避免引起注意。

外表时尚的单肩挎包

便携式专业摄影腰包

大容量帆布双肩包，具有良好的耐磨性

摄影包内部有海绵隔断，以免器材挤压磕碰

微型皮革材质的摄影包轻便、耐磨、防水

注意：
1. 洗涤摄影包时，为避免摄影包褪色，可将其浸入加有食盐的水中30分钟后再水洗。
2. 在晾晒时，可倒挂晾干，以避免摄影包的变形。
3. 在长时间不使用时，应存放于阴凉干燥处，避免重压，以免受潮、变形。

6.9 清洁用具使相机常新

无论是拍摄中还是拍摄后，清洁用具是必不可少的。拍摄时，可预备一条干毛巾以擦拭机身上的尘土或水滴，而镜头笔则可对镜头进行清洁。在清洁镜头上不易擦除的顽固污渍时，可用镜头布蘸取少许镜头液进行清洁。擦拭的动作要轻柔，并朝同一方向进行擦拭，切勿来回涂抹，以免划伤镜头。

清洁用具包括气吹、镜头笔、清洁液和镜头纸

用镜头笔清洁镜头

提升拍摄成功率的必备技巧

07

在了解了器材特性及操作后，我们将进入实际拍摄阶段。在本章，我们将对拍摄流程进行讲解，介绍拍摄前、拍摄中、拍摄后各个阶段的细节操作。在拍摄此图时，拍摄者采用光圈优先曝光模式，以使曝光合理。设置多重对焦模式，将影像质量设为超精细，并借助相机网格线构图，得到构图合理、画质细腻的照片。

机型：α7　镜头：FE 70-200mm F4 G OSS
快门速度：1/100秒
光圈：F8　感光度：200　焦距：190mm
白平衡：自动　曝光补偿：0EV

7.1 拍摄前——准备工作至关重要

所谓"有备无患"，拍摄前的准备工作是至关重要的。拍摄者应根据拍摄需要准备所需器材，分析实际拍摄时所面对的情况（如在拍摄花卉时，制作人造水滴），以确保拍摄顺利进行。下面对一些拍摄前必要的准备工作进行说明。

7.1.1 检查电池和存储卡

在使用前最好先确认电池状态再进行充电，在设置菜单下即可查看电池信息。还可另备一块备用电池，以减少反复充电的次数，延长电池使用寿命，使拍摄准备更充分。如果在低温环境中拍摄，则需要将电池放于较为保温的地方，在拍摄时再安装使用。此外，应视拍摄需要准备存储卡，事先检查存储卡容量。如果卡中存有文件，则应将其导出到电脑或其他存储设备。在首次使用新存储卡时，需使用相机对其格式化。大容量的存储卡及较快的读取速度是完成拍摄的保证。

SF-16N4的容量可应对多数拍摄情况

SF-32UX的存储量及读取速度能够满足大拍摄量及机动性强的高速连拍任务

7.1.2 根据拍摄需要配备镜头

镜头的选择也应视拍摄题材的需要而定，如果需要拍摄场面宏大的风光画面或者大型建筑，那么广角镜头是首选；如果要拍摄花卉或者小昆虫，那么准备长焦镜头或者长焦微距镜头是最好不过的了；而如果是拍摄人像，则需准备中长焦镜头或者标准镜头。如果拍摄题材范围较广，广角镜头、长焦镜头都需要，则应尽量携带焦段覆盖范围广、可一头多用的变焦镜头，以便轻装上阵，使拍摄更轻松。

广角镜头E 20mm F2.8适合拍摄风光及街景抓拍

Sonnar T* FE 35mm F2.8 ZA适合拍摄人像及风光

E 30mm F3.5 Macro适合拍摄花卉及静物

E 18-200mm F3.5-6.3 OSS适合拍摄风光、人像及远距离拍摄

7.1.3 配备辅助器材

所谓"天时、地利、人和"，拍摄者应根据拍摄环境、拍摄对象的特点，准备辅助器材。如果是在室内拍摄，则可准备照明设备、三脚架、背景纸或幕布等；如果是在户外拍摄，则应视天气、地理和被摄对象特点准备。

滤镜的准备

在户外拍摄时，为了避免强烈的阳光使画面形成强烈的明暗对比及物体的反光，应携带中灰滤镜或偏振镜；而为了营造特殊氛围，还可使用滤色镜；对镜头起保护作用的UV滤镜则是不可或缺的。

中灰渐变镜用于平衡天与地的亮度

使用偏振镜拍摄风光，可过滤户外偏振光

遮光罩的准备

在户外拍摄时，我们会发现这样的现象：画面就像蒙上了一层薄雾，这是由于在逆光或侧逆光下拍摄时，光线经过镜头的折射形成了相互干扰多个反射面，从而导致光晕现象的产生，光晕使画面色彩暗淡或出现耀斑（鬼影现象）。为避免这种现象，拍摄者可在镜头前安装遮光罩来抑制画面光晕、阻挡雨雪溅落、保护相机和镜头免遭意外碰撞。

安装遮光罩的E 10-18mm F4 OSS 镜头

脚架的准备

在进行室内拍摄时，使用三脚架固定相机可使拍摄有条不紊。

在户外拍摄时，拍摄者应根据拍摄题材及地理位置来选择合适的脚架。如果是在旅途中拍摄，为了避免消耗体力，可选用轻便易于携带的碳纤维三脚架或者轻便的独脚架；如果在野外拍摄鸟类或者野生动物，则应选择刚性与稳定性兼具的较重脚架，以便在使用重量较重的长焦镜头时更加稳定。另外，在拍摄夜景或者需要进行长时间曝光时，配备三脚架也是很有必要的，可有效避免机震现象。

碳纤维脚架轻便易携

补光用具和掩体的准备

如果拍摄对象为人物或花卉、静物，拍摄者应预备补光用的灯具和反光板。在室内拍摄时，虽然大多时候光线及空间均可控，但是自然光照一般较暗，因而灯具的照明作用就显得很重要。其中，反光板最为方便，白色纸板及泡沫板亦可作为简易的补光工具。在拍摄鸟类或者野生动物时，还应准备较为隐蔽的掩体以使拍摄更安全隐蔽，如伪装帐篷，一则可避免惊吓到被摄体，使拍摄更方便；二则可保护拍摄者的安全。

外接闪光灯和反光板是常用补光工具

在室内拍摄静物用的灯具及背景布置

拍摄野生动物及鸟类经常用到掩体

摄影包及相机必备配件的准备

外出拍摄还应准备一款实用便携的摄影包。如果拍摄范围较广，路途较远，可选择双肩背包，街头抓拍则可选用轻便的挎包。相机的肩带要装好，在手持拍摄时应挂在脖子上以保护相机。此外，如USB连接线、电池充电器和说明书等物品亦应妥善放于摄影包内，以备不时之需。

根据摄影器材的数量选择合适的摄影包

准备好需随身携带的相机配件

7.2 ▶ 拍摄中——有条不紊地工作

所谓"意在笔先"，在到达拍摄现场后，先不要急于拍摄，而应观察一下拍摄环境，确定好拍摄位置、拍摄对象，并了解现场的光线强度。根据实际环境的光色表现，事先构思好拍摄主题和画面意境的表现，再设置相机参数，进行取景构图。

■ 7.2.1 实时取景显示和FINDER/LCD选择设置

在拍摄之前，可设置是否在液晶屏上显示使用曝光补偿、白平衡、创意风格或照片效果后的影像。此选项位于"设置"菜单中，可选择"实时取景显示"进行设置。还可通过"FINDER/LCD选择设置"选择是使用取景器，还是在液晶屏中显示图像，以便取景构图。下面以表格形式说明其具体功能。

"FINDER/LCD选择设置"和"实时取景显示"选项（NEX-5T）

实时取景显示	说　明
设置效果开	显示应用效果的影像
设置效果关	不显示应用效果的影像，在"手动曝光"模式下，始终以适当的亮度显示影像。此设置有利于拍摄者专心构图

FINDER/LCD选择设置	说　明
自动	向取景器中看时，显示画面会自动切换为取景器
取景器	关闭LCD监视器，在取景器上显示影像
LCD监视器（液晶屏）	关闭电子取景器并且始终在液晶屏上显示影像
手动（用于触摸屏）	在此模式下，用电子取景器上的按钮在电子取景器和液晶屏之间手动切换显示

实时取景显示（α5000/α6000/α7/α7R/α7S）

■ 7.2.2 设置影像质量、纵横比和影像尺寸

在拍摄之前，应先对图像的质量、纵横比和影像尺寸进行设置，因为其直接关系着构图结果、图像质量表现和后期处理。

FINDER/MONITOR（α5000/α6000/α7/α7R/α7S）

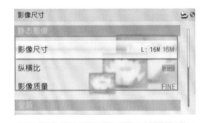

具体设置项目（NEX-5T）

具体设置项目（α5000/α6000/α7/α7R/α7S）

■ 7.2.3 拍摄设置

在设置完毕后就可以拍摄了。首先要选择好照相模式等项目，并对各项参数进行设置（可通过按下Fn按钮进行设置）。之后，通过调整镜头焦距取景、构图，决定是横向拍摄还是纵向拍摄。当构图完毕后，半按快门对焦，然后完全按下快门完成拍摄。

横向构图表现横向的延展感

纵向构图令主体突出

下面讲一下Fn功能的设置方法。

NEX-5T的设置方法

按下Fn按钮，调出快捷操作界面。
Step 1 按左、右方向键选择要调整的模式。
Step 2 按上、下方向键，或转动控制拨轮，或控制转盘设置该模式。

需要设置的各选项全部设置完成后，即可半按快门按钮进行对焦，待对焦框显示为绿色时，完全按下快门按钮完成拍摄。

α5000/α6000/α7/α7R/α7S的设置方法

Step 1 按下Fn按钮，调出快捷操作界面，按方向键选择相应选项。

Step 2 按左右方向键或控制拨轮选择相应选项。

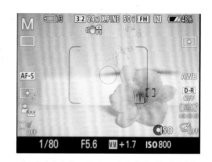

半按快门按钮进行对焦

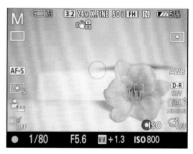

当对焦框显示为绿色时，完全按下快门按钮完成拍摄

7.3 拍摄后——细心收拾

在照片拍摄完成后，拍摄者的工作并未做完，此时还需要检查照片，将坏片删除，对合格的照片另行归类存储。如果把拍摄当成"战斗"，那么还需"打扫战场"，对拍摄器材进行清洁，以迎接下一次的拍摄。

7.3.1 回放照片进行检查

回放照片可帮助我们检查拍摄效果，查看拍摄数据，以便改进后续拍摄，确保拍摄任务保质保量地完成。在回放照片时，应点按播放按钮。在播放图像期间，要删除照片时，按删除按钮，选择OK，按菜单按钮退出操作，具体操作如下图所示。需要注意的是，受保护的照片无法删除，一旦删除了图像，将无法恢复。

NEX-5T的设置方法

Step 1 按"播放"按钮，旋转控制拨轮选择照片，按中央按钮可放大影像。

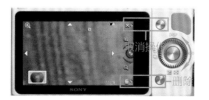

Step 2 转动控制拨轮，调整放大倍数；按控制拨轮的上下左右键选择要放大的部分，取消放大，按软键A；删除图像，按软键B。

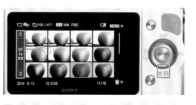

Step 3 按控制拨轮的下键，照片将以索引方式显示，按控制拨轮的上下键将移动索引条，按中央部分将更改观看模式。

α5000/α6000/α7/α7R/α7S的设置方法

Step 1 按"播放"按钮，旋转控制拨轮选择照片。

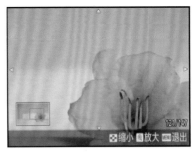

Step 2 按放大按钮，旋转前转盘调整放大倍数，按方向键选择放大位置。

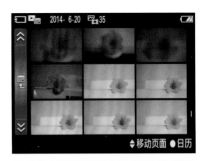

Step 3 按索引按钮，按控制拨轮选择图像；按左方向键，选择查看图像方式。

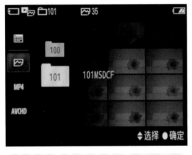

Step 4 按上、下方向键选择观看模式。

索尼模式

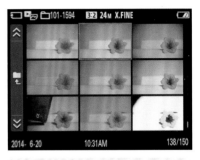

文件夹模式

在回放单张照片期间，按中央按钮，将依次显示：显示信息、柱状图、无显示信息。

显示信息

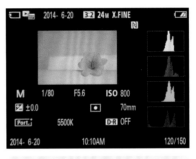

柱状图

无显示信息

■ 7.3.2 照片的存储

照片拍摄完毕后，需要将之从存储卡中导出，释放存储卡空间，以备下次拍摄使用。为防止拍摄者误操作导致照片丢失或损坏，需要将重要的照片存储到电脑，或通过电脑将其存储到硬盘等其他介质中。此外，拍摄者可利用相机"播放"菜单中的"智能手机观看"选项，在手机上观看、复制和存储照片，并利用"应用程序"中的"直接上载"命令将图片上传。

利用电脑将照片传入硬盘

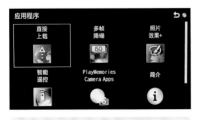

直接上传选项

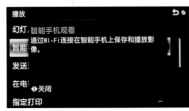

智能手机观看选项

将照片上传到手机查看

136

如果说摄影器材是"硬件"，构图就是摄影中的"软件"。掌握了构图技法，会使我们的摄影作品在思想和内容上得到升华。在本章，我们将对摄影构图技法进行讲解。此图拍摄者以平视角度拍摄。在55mm的镜头表现下，主体形态得到如实再现。拍摄者利用水平构图，将两只红鞋背对而放，表现出图案的对称美。位于前景的轻纱被虚化，使画面富于虚实、动静的变化，丰富了画面的空间层次。

机型：α7R 镜头：Sonnar T* FE 55mm F1.8 ZA 快门速度：1/125秒
光圈：F2.8 感光度：400 焦距：55mm 白平衡：自动 曝光补偿：0EV

取景与
构图提高
拍摄水准

Chapter 08

8.1 掌握摄影构图的基本知识

摄影构图是拍摄者通过思考，利用美学知识，安排人、景、物在画面中的位置，得到具有美感的画面，以现实世界的事物来表现拍摄者的思想，并以此为媒介，引发观者的共鸣。一幅成功的摄影作品有着鲜明的主题，拍摄者可通过主体来突出主题，利用陪体营造画面氛围，以前景和背景来表现画面的空间感。下面讲解构图的基础知识。

■ 8.1.1 主体与陪体的不同作用

主体是构成画面的最为重要的部分，仅次于主题。而在大多数画面中，主体即主题（如人像、花卉摄影）。主体是一幅照片中的灵魂，决定着主题的表达及陪体在画面中的位置，是画面氛围赖以营造的中心，因而主体应安排在画面中最为重要、突出的位置。

📷 机型：α6000　镜头：E 10-18mm F4 OSS
快门速度：1/1600秒　光圈：F5.6　感光度：160
焦距：12mm　白平衡：自动　曝光补偿：0EV

◀ 左图中建筑很明显是画面的主体，此图中主体即主题，其在画面中位置显著，且占有较大面积，十分突出

陪体即为陪衬的个体，是为主体服务的，虽然陪体并非画面的主要表现对象，但起着突出主体、营造画面氛围的作用，可使画面更完整，主题更突出。有时画面中存在陪体，而有时则不需要陪体。

主体　　　　陪体

📷 机型：NEX-5T　镜头：E PZ 16-50mm F3.5-5.6 OSS　快门速度：1/500秒　光圈：F9　感光度：100　焦距：50mm　白平衡：自动　曝光补偿：0EV

◀ 左图主体是海鸟，而其所处的岩石则是陪体，起到交代环境、烘托画面氛围的作用

■ 8.1.2 前景与背景对构图的影响

前景与背景起着展现画面空间、营造画面意境的作用。前景位于主体之前，主要起着引导观者视线、丰富画面层次、表现立体空间的作用。前景既可以是主体之前的景物，也可以是主体本身。在画面中，前景的色彩和形态不宜过于突出，以免影响主体的表现。

机型：NEX-7 镜头：E 35mm F1.8 OSS
快门速度：1/640秒 光圈：F1.8 感光度：100
焦距：35mm 白平衡：自动 曝光补偿：0EV

▶ 右图中，虚化的植物为画面前景，引导观者视线至主体建筑，使主体突出，并表现出画面的空间感

背景在很大程度上决定着照片的主基调，其在画面中的表现是十分重要的，起着渲染画面、烘托主题的作用。在取景构图时，拍摄者可根据主题的不同，采用有针对性的表现方法：可以利用浅景深来虚化背景，使之成为虚化的色块，起到简洁背景、突出主体的作用；可以通过转换拍摄角度来改变背景，如采用仰拍或俯拍以免背景杂乱。背景宜简不宜繁，拍摄者可通过其与主体在色彩上的对比、呼应来达到突出主体的目的。

机型：NEX-5T 镜头：E PZ 16-50mm F3.5-5.6 OSS 快门速度：1/320
秒 光圈：F13 感光度：100 焦距：16mm 白平衡：自动 曝光补偿：0EV

▲ 在仰视的视角下，拍摄者将蓝天作为画面背景，使画面背景简洁，在使前景主体得到突出的同时，也丰富了画面色彩。采用此种方法可有效避免背景的杂乱

机型：α5000 镜头：E 35mm F1.8 OSS 快门速度：1/1250秒 光圈：
F1.8 感光度：400 焦距：35mm 白平衡：自动 曝光补偿：0EV

▲ 上图拍摄者采用大光圈拍摄，对主体对焦，虚化背景，达到简洁背景、突出主体的目的

注意：
特写强调被摄体的某一细部特征时，应对被摄体大胆裁切，将其特点放大化、主观化，使之变得不同寻常，使局部画面引导观者对画外产生丰富的联想。

8.2 景别与机位体现拍摄者的视角

景别决定着画面空间的表现，是拍摄者视野的表现；机位则体现拍摄者的视角，决定画面的表现内容。在本节，我们将分别介绍各个景别、不同机位下所拍摄照片的特点。

■ 8.2.1 选择景别以确定纳入镜头的画面

景别指取景范围。拍摄位置、镜头焦距的不同，会使取景范围发生相应改变。取景范围不同，则画面元素的数量、大小、画面空间感、构图均会发生改变，从而使画面主题、意境发生改变。景别的区分并不是很严格，按其不同表现，一般分为远景、全景、中景、近景、特写。

远景擅长表现宽广的画面空间

远景的取景范围最大，有利于表现画面空间感，宜表现壮阔的大场景，如辽阔的风光、盛大的活动场景等。远景多采用横向构图，强调画面整体的气势，拍摄者应把握好画面色调、光影的整体感，以表现宏大的气势。拍摄远景画面时，广角镜头及长焦镜头均宜，广角镜头可将远近景全部纳入画面，而长焦镜头则可放大表现远处景物，并避免景物产生较大变形。

📷 机型：α 7R 镜头：Vario-Tessar T* FE 24-70mm F4 ZA OSS 快门速度：1/1250秒 光圈：F5.3 感光度：320 焦距：24mm 白平衡：自动 曝光补偿：0EV

▲ 在拍摄上图时，拍摄者站在较高、较远的位置，采用广角镜头来表现城市道路及建筑布局。横向构图表现出场景的宽广，广角镜头使景物近大远小，表现出画面的空间感

> 注意：
> 远景画面不强调个体事物，而是将纳入镜头中的众多景物有序地安排，使之形成一个整体。为使画面的整体感更强，可通过白平衡的设置来统一画面色彩。另外，应设置较小的光圈，使远近景物皆清晰，以突出画面的空间感。

全景体现主体全貌

全景的取景范围以拍摄对象为准，拍摄对象形体巨大，则取景范围大，如高楼大厦等；如果拍摄对象是人，则要将其全身纳入画面。所以全景的取景范围是将事物的整体形态纳入画面，从而得到主体突出、更具整体感的画面。在取景构图时，要注意表现主体的外形特征，并以此决定画面主题。

机型：α6000　镜头：E 10-18mm F4 OSS
快门速度：1/500秒　光圈：F13　感光度：400
焦距：12mm　白平衡：自动　曝光补偿：0EV

▲ 上图为全景画面，表现出建筑的整体群落。拍摄者使用超广角镜头，在较远处将建筑全景纳入，使其整体结构得到展现。仰拍视角下，天空成为背景，突出了建筑的高大雄伟及其色彩

在表现全景画面时，主体更为明确，其位置的安排及对焦位置的把握都将影响主体的表现。在构图时，拍摄者一般将主体安排在画面中央或三分之一处，以使其得到突出表现。

机型：NEX-7　镜头：E 50mm F1.8 OSS
快门速度：1/160秒　光圈：F2.2　感光度：320
焦距：50mm　白平衡：自动　曝光补偿：0EV

◀ 左图为全景人像，作为主体的人物得到了整体表现。拍摄者利用标准镜头结合平视角度，表现出儿童纯真可爱的个性

中景突出画面情节

中景的取景范围小于远景。中景人像的取景范围为人物的头部至膝盖上下。相较于远景人像，拍摄距离更近，多采用标准镜头拍摄。其他主题的中景画面中，主体的细部特征得到细腻表现，强调明暗光影的表现，以突出其立体感及质感。在镜头的选择上，多采用中焦镜头、长焦镜头拍摄。

阳台、建筑上的雕刻
样式等细节均被表现

📷 机型：α6000　镜头：E 35mm F1.8 OSS
快门速度：1/320秒　光圈：F4.5　感光度：200
焦距：35mm　白平衡：自动　曝光补偿：0EV

◀ 在拍摄左图时，拍摄者在较近的位置取景，将部分建筑影像纳入画面。此图着重强调局部细节表现，建筑前的枝叶起到了丰富画面层次的作用

中景人像的背景仍然占较
大面积，起着营造画面氛
围、奠定画面基调的作用

人物动作令其身材曲线尽
显。在中景人像中，人物
的肢体动作起到主导画面
构图的作用

📷 机型：α7R　镜头：Sonnar T* FE 55mm F1.8 ZA　快门速度：1/200秒
光圈：8　感光度：100　焦距：55mm　白平衡：自动　曝光补偿：0EV

▶ 在中景人像中，不再强调被摄者的身高，而是以表现人物的动态、人与人之间的互动情节为主。在拍摄右图时，拍摄者以中焦镜头纳入七分身人像，人物的体态及容貌均得到表现。背景中的事物交代出人物所处的环境，有利于表现人物性格

近景展现主体细节

近景取景范围更小，拍摄距离也更短，重点在于表现主体的局部特征。近景宜采用中长焦镜头拍摄，以便更细腻地表现主体的局部结构，强调其质感，从而使主体更突出，主题更鲜明。近景取景有利于表现拍摄者的主观意识，可表现拍摄者对事物观察的敏锐度，体现其观点。

▶ 在拍摄右图时，拍摄者以长焦镜头拍摄近处的樱花，清晰的对焦令主体的细节得到突出表现，奠定了画面的基调；虚化的背景表现出空间距离，与主体遥相呼应，起到了营造画面氛围的作用

📷 机型：α6000 镜头：E 18-200mm F3.5-6.3 OSS 快门速度：1/1000秒 光圈：F6.3 感光度：200 焦距：180mm 白平衡：自动 曝光补偿：0EV

在近景画面中，由于被摄体在画面中所占比例较大，为了使其更加突出，拍摄者一般应将作为陪衬的背景虚化。拍摄时应设置较大的光圈，在确保主体对焦清晰的同时，将距离较近的陪体或环境影像虚化，以突出主体的表现。在一般情况下，应以长焦镜头表现近景，以免主体在广角镜头下变形。

📷 机型：α7R 镜头：Sonnar T* FE 55mm F1.8 ZA 快门速度：1/20秒 光圈：2.8 感光度：1000 焦距：55mm 白平衡：自动 曝光补偿：0EV

▶ 右图拍摄者利用标准镜头拍摄半身人像，为近景取景。人物影像更细腻传神，面部表情及服装细节均得到体现。背景被虚化，使主体突出

背景占据画面的面积较小，大多数情况下可将其虚化

特写强调局部细节

特写的取景范围更小，拍摄者通过对拍摄对象某一局部的表现，来概括主体的整体印象，以小见大。特写可将局部印象扩大化，使细节部分成为画面主体，纤毫毕现，具有高度的概括性。多用长焦镜头或微距镜头拍摄，多表现人物、花蕊、昆虫、静物等。

📷 机型：NEX-5T　镜头：Vario-Tessar T* E 16-70mm F4 ZA OSS　快门速度：1/80秒　光圈：F5.6　感光度：320　焦距：24mm　白平衡：自动　曝光补偿：0EV

▲ 上图拍摄者在近距离取景，表现雕刻着二维码图案的墙壁，使其得到着重表现

📷 机型：α5000　镜头：E 18-200mm F3.5-6.3 OSS　快门速度：1/640秒　光圈：F8　感光度：640　焦距：106mm　白平衡：自动　曝光补偿：0EV

▲ 上图拍摄者以长焦镜头近距离取景，以特写方式表现单朵兰花，使其成为重点表现对象，花蕊、花瓣的脉络都得到细腻表现

144

> 注意：
> 在拍摄特写时，对画面构图要精益求精，使画面表现得更加合理，在强调主体特点的同时，突出形式的美感。否则很容易使画面主题缺失，没有重点，令观者不知所云。

📷 机型：α7　镜头：Vario-Tessar T* FE 24-70mm F4 ZA OSS　快门速度：1/125秒　光圈：F4.5　感光度：200　焦距：26mm　白平衡：自动　曝光补偿：0EV

◀ 左图取景自人物面部，着重表现人物的表情和容貌。从画面中可以看出，背景在画面中占据很小的比例，并在大光圈下被虚化，在突出主体的同时，表现出近实远虚的空间感

■8.2.2 机位体现拍摄者的独特视角

机位与被摄体的相对位置不同，则被摄体在画面中的表现不同，并由此而使画面的表现内容、意境、主题发生改变。机位在水平方向上的改变有正面、侧面、斜侧面、背面等几种，机位在垂直方向上的改变有平拍、俯拍、仰拍。下面我们对具体的机位表现进行讲解。

正面拍摄更能表现被摄体的整体面貌与特征

对被摄体的正面进行拍摄，会使主体的主要特征得到突出，画面主题也更容易明确。人像、建筑、花卉、静物等摄影题材都适宜从正面进行拍摄，给人端庄、隆重、正式之感。

▶ 右图拍摄者从较远距离拍摄欧式建筑的正面，使建筑的对称结构及装饰风格得到体现。广角镜头表现出强烈的立体空间感

📷 机型：α7 镜头：Vario-Tessar T* FE 24-70mm F4 ZA OSS 快门速度：1/800秒
光圈：F5.6 感光度：160 焦距：24mm
白平衡：自动 曝光补偿：0EV

📷 机型：α5000 镜头：E 18-200mm F3.5-6.3 OSS 快门速度：1/320秒
光圈：F5.6 感光度：500 焦距：100mm 白平衡：自动 曝光补偿：0EV

▲ 上图拍摄者采用俯拍的角度，拍摄雏菊的正面，令其结构一览无余，并将花朵安排在画面的左边，摆脱了正面拍摄的呆板。虚化的绿色背景使主体得到突出表现

📷 机型：α6000 镜头：Vario-Tessar T* E 16-70mm F4 ZA OSS
快门速度：1/80秒 光圈：F4 感光度：400 焦距：35mm 白平衡：自动
曝光补偿：0EV

▶ 右图采用正面拍摄。在近距离稍俯的角度下，突出表现人物的容貌，还起到收缩人物脸形的效果。大光圈的设置使背景虚化，令对焦清晰的模特更加突显

145

侧面拍摄强调侧面轮廓

对主体侧面进行拍摄，可使观者以旁观者的角度观察、审视画面，从而减少观者与画面的正面交流，降低画面带来的压迫感，有利于营造轻松的画面氛围，也有利于主体多样性的表现。与正面拍摄一样，此角度同样不利于立体感的表现，拍摄者可利用仰视角度、俯视角度及色彩的变化来丰富画面。

机型：α6000　镜头：E 35mm F1.8 OSS　快门速度：1/1600秒　光圈：F2.2
感光度：200　焦距：35mm　白平衡：自动　曝光补偿：0EV

▲ 采用斜侧角度拍摄临街建筑，配合广角镜头，增强了近大远小的透视效果，表现出强烈的纵深空间感

机型：NEX-5T　镜头：E 18-200mm F3.5-6.3 OSS　快门速度：1/15秒
光圈：F8　感光度：1000　焦距：106mm　白平衡：自动　曝光补偿：0EV

▲ 上图拍摄者以平视的视角拍摄花朵的侧面，使其侧面及其伸出于花瓣之外的花蕊形态得到突出表现

背面拍摄制造深远感

从背面拍摄时，主体的正面特征不再显现，表现为观者从背后观察主体的视觉效果，并透过主体来观察其所处环境，可使画面产生纵深的空间感。在此视角下，主体与观者的关系变得更为轻松，引发观者对主体的正面特征产生联想，从而引发观者对画面主题所要表现的画外之音进行深思，"无声胜有声"，使画面更具延展性。

注意：
1. 从背面拍摄时应注意层次感的表现，避免造成主体与背景的混淆。
2. 应特别强调画面意境的营造。
3. 当主体为人物时，应视其视线及行动方向决定构图。

机型：NEX-7　镜头：E 35mm F1.8 OSS　快门速度：1/100秒　光圈：F1.8
感光度：320　焦距：35mm　白平衡：自动　曝光补偿：0EV

◀ 左图通过对人物背面的表现，引导观者视线至画面深处。低角度的仰拍，令人物的身材显得更加修长，配合台阶在广角镜头下呈现的透视效果，增强了画面的立体空间感

斜侧面拍摄更立体

所谓斜侧视角，是指拍摄位置介于主体的正面与侧面、背面与侧面之间。在此种拍摄角度下，主体的两面均得到表现，立体感突出，有利于主体的全面表现，是一种常见的拍摄角度。斜侧视角下，事物的水平线变为斜线，使画面产生透视汇聚点，有利于表现画面的纵深空间。

注意：
1. 在采用斜侧角度拍摄时，要掌握好画面的空间层次，使对焦点的位置准确，以使画面主次分明。
2. 在采用斜侧角度拍摄时，可结合光线（如侧光）来加强主体的立体感表现。

📷 机型：α7R　镜头：Vario-Tessar T* FE 24-70mm F4 ZA OSS　快门速度：1/320秒　光圈：F4　感光度：200　焦距：24mm　白平衡：自动　曝光补偿：0EV

▶ 右图拍摄者采用后侧的拍摄角度来表现侧身而立的模特，较好地表现出人物身材的立体感。逆光下，画面光影层次丰富。背影中建筑的线条丰富了画面的空间层次

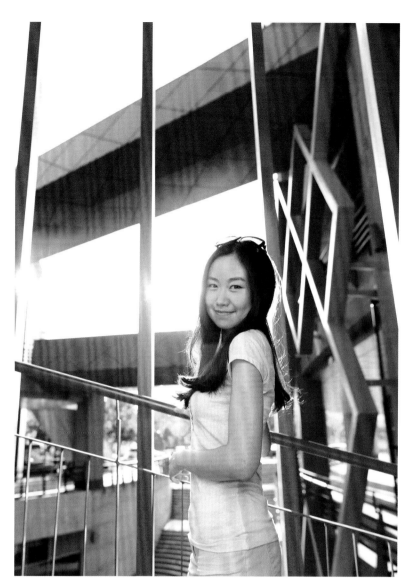

📷 机型：α5000　镜头：E 35mm F1.8 OSS　快门速度：1/1000秒　光圈：F4.5　感光度：200　焦距：35mm　白平衡：自动　曝光补偿：0EV

▶ 在表现建筑模式时，右图拍摄者在建筑的前侧方向拍摄，使其正、侧结构均得到表现，突出了建筑的立体感

平拍更具现场感

平拍时，相机镜头与被摄体处于同一水平高度。此种拍摄角度符合人眼的视觉习惯，可使画面更具真实感，使人产生如身临其境般的视觉感受，常用于表现人像，是日常拍摄及纪实、新闻摄影的常用表现手法。平拍的视角下，事物不易产生变形，较其他拍摄角度来说拍摄方便，是常用的拍摄角度。美中不足的是，其不易表现事物的独特性，易使画面流于平淡。

 机型：α7 镜头：FE 70-200mm F4 G OSS
快门速度：1/2000秒 光圈：F4 感光度：200
焦距：155mm 白平衡：自动 曝光补偿：0EV

▲ 上图拍摄者以平视的视角结合长焦镜头来表现建筑。画面的空间感被压缩，令建筑如在眼前，给人以身临其境之感

148

注意：
平拍虽然也能产生近大远小的透视变化，但比俯拍、仰拍的透视效果弱，画面易显平淡，可结合色彩、用光、构图形式及被摄体的特征来表现。

📷 机型：α7R 镜头：Vario-Tessar T* FE 24-70mm F4 ZA OSS 快门速度：1/160秒 光圈：F4 感光度：100 焦距：24mm 白平衡：自动 曝光补偿：0EV

◀ 左图拍摄者以平视的角度结合前侧面角度进行拍摄，表现出观者仿佛就在模特的对面与之交谈的感觉。画面更具临场感，平实而祥和

仰拍强调被摄体高度

仰视视角有利于表现事物的高大（如建筑、树木），而在表现人像时，则可拉长人物的腿部，使其头部变小，是一种可修饰人体的视角。

📷 机型：α7R 镜头：Vario-Tessar T* FE 24-70mm F4 ZA OSS
快门速度：1/800秒 光圈：F4 感光度：200 焦距：24mm 白平衡：自动
曝光补偿：0EV

▶ 右图拍摄者利用广角镜头近距离、低角度拍摄站姿人像。由于模特的腿部更靠近镜头，在广角镜头的透视作用下，显得更加修长，得到更为突出的表现。画面中，模特的身材更显窈窕，由此可见，仰拍可起到修饰人像身材的作用

仰拍时，相机镜头低于被摄体，与被摄体形成一定的角度，从而使其影像表现为上窄下宽的变形效果，在使用广角镜头拍摄时，这种现象尤其明显。拍摄的角度越低，主体的变形越明显，画面中的地平线就越向下，甚至在画面之外。

📷 机型：α6000 镜头：E 10-18mm F4 OSS 快门速度：1/2500秒 光圈：F5 感光度：200 焦距：12mm 白平衡：自动 曝光补偿：0EV

▲ 上图拍摄者采用极低的视角，以超广角镜头表现建筑，使照片产生急剧的透视变形，突出了建筑恢弘的气势

俯拍更易表现高远的视角

俯拍时，相机镜头的高度高于被摄体，可使被摄体的顶部呈现在画面中。相机的机位越高，则纳入画面的被摄体越多，地平线越高，甚至高出画面之外。俯拍多用于表现城市全景、建筑群落等宏大的场景，善于表现宽广的视野。正因如此，俯拍时，要安排好画面中各个元素的布局，使之层次条理清晰。

📷 机型：α7S　镜头：Vario-Tessar T* FE 24-70mm F4 ZA OSS　快门速度：1/80秒　光圈：F18　感光度：160　焦距：24mm　白平衡：自动　曝光补偿：0EV

▲ 上图拍摄者站在高点以广角镜头俯拍小镇风光，取景范围极大。平静的河流、林立的树木使小镇的宁静得到表现。画面中，天空和地面分为两部分，天空与地面的繁密形成对比，起到疏泄、透气的作用。近景高地上的建筑与远景的低地建筑形成对比，丰富了画面的空间层次

📷 机型：α6000　镜头：Vario-Tessar T* E 16-70mm F4 ZA OSS　快门速度：1/160秒　光圈：F4　感光度：500　焦距：60mm　白平衡：自动　曝光补偿：0EV

◀ 左图拍摄者以俯视视角表现花丛，表现出花的繁密。要想表现花卉的正面结构，俯拍是很常用的拍摄角度

注意：
在俯拍时，应注意构图的简洁，以免取景过于杂乱而影响主体的表现。应控制好镜头的俯拍角度，取景范围要精准。

8.3 善用多种构图形式

在了解了构图要素及景别、机位的不同表现后，下面我们来学习各种构图形式。由于各个题材、被摄体形态的不同，我们应灵活地采用符合其形态特点的构图形式进行表现。

8.3.1 点线面是最基本的构图元素

点、线、面是构图中的基本要素，我们可根据具体事物的形态，将之归纳概括成抽象的点、线、面，根据美学的规律，来安排其在画面中的位置，使画面更具条理性。

"点"可大可小

在现实生活中，一些事物，如太阳、花朵、远处的牛羊、屋舍等，拍摄者可在画面中视其远近，将其概括成点。点在画面中起着活跃氛围、控制节奏、均衡构图的作用。点既可以是主体也可作为陪体，其形态可大可小，不必是标准的圆点，用法非常灵活。

📷 机型：α7　镜头：FE 70-200mm F4 G OSS　快门速度：1/200秒　光圈：F8　感光度：80　焦距：200mm　白平衡：自动　曝光补偿：0EV

▲ 上图，成片的森林组成了面，在森林之中的蒙古包由于距离远而形成一个个小白点，起到点亮画面的作用，为画面注入了生机和活力

📷 机型：α7R　镜头：Vario-Tessar T* FE 24-70mm F4 ZA OSS　快门速度：1/50秒　光圈：F4　感光度：100　焦距：24mm　白平衡：自动　曝光补偿：0EV

▶ 右图，在前景大片植物的引导下，主体人物得到了突出表现。虽然人物在画面中占据很小的位置，但是却起到四两拨千斤的作用

"线" 起引导作用

线起着引导观者视线、勾勒物体外形、装饰画面、连接或隔断画面各个部分的作用。现实生活中，如公路的两旁、地平线、水平线、人体的曲线等，都可作为画面中的线。线的形态多种多样，如直线、曲线、不规则的线等，线的外形及其排列方式决定着画面的韵律表现。

📷 机型：α 7R 镜头：Vario-Tessar T* FE 24-70mm F4 ZA OSS
快门速度：1/320秒 光圈：F4 感光度：200 焦距：24mm 白平衡：自动
曝光补偿：0EV

◀ 左图画面中的线条种类十分丰富，有楼梯所形成的放射线、优美的扶梯弧线，以及楼梯栏杆的垂线，使画面空间延伸，表现出立体感。模特的身材曲线使其有别于建筑曲线，画面协调而具有韵律感

垂线
曲线
放射线
弧线

"面" 确立构图比例

面由几何形态组成，多个面组成立体，由色调一致的部分所组成，如天空、水面等，起着分割画面，或使画面统一和谐的作用。面的形态决定了画面大的结构表现，在拍摄时，我们可通过调整取景范围及拍摄角度来调整其在画面中的表现。同时，也可根据其色彩表现来安排其在画面中的位置和比例。

📷 机型：NEX-5T 镜头：E PZ 18-105mm F4 G OSS 快门速度：1/80秒 光圈：F5 感光度：100
焦距：18mm 白平衡：自动 曝光补偿：0EV

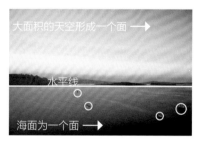

大面积的天空形成一个面 ➡
水平线
海面为一个面 ➡

◀ 左图拍摄者将天空和海面看作独立的两个面，构成了照片的立体空间。蓝色奠定了画面的基调，彩霞起到烘托画面氛围的作用。由于拍摄位置较远，取景范围很广，使小船在画面中变成一个个小点，加上连接天、水的水平线，使画面点、线、面俱全。水平线起到了引导线的作用，而小船则起到了活跃画面气氛的作用

152

■ 8.3.2 黄金分割构图使画面更完美

黄金分割是著名的构图法则，其以1:0.618的比例来安排主体在画面中的位置和比例。此比例的构图，被公认为最自然、和谐。将画面分割为此比例的线段称为黄金分割线，横竖两条黄金分割线的交叉点为黄金分割点。黄金分割构图适用的题材广泛，在构图时，拍摄者可将主体安排于黄金分割线或黄金分割点上，使主体得到突出表现。

黄金分割构图示意图
整个矩形与正方形的比例等于紫色部分与白色部分的比例，为1:0.618。红线为黄金分割线，红点为黄金分割点

153

📷 机型：NEX-5T 镜头：E PZ 18-200 F3.5-6.4 OSS 快门速度：1/200秒 光圈：F9 感光度：100 焦距：50mm 白平衡：自动 曝光补偿：0EV

▲ 上图拍摄者采用纵向黄金分割线来安排主体树木的位置，使其得到突出。以横向黄金分割线来安排水平线在画面中的位置，令画面结构协调

📷 机型：NEX-7 镜头：E 35mm F1.8 OSS 快门速度：1/2000秒 光圈：F2.5 感光度：100 焦距：35mm 白平衡：自动 曝光补偿：0EV

◀ 左图以黄金比例来安排主体在画面中的位置，在使主体突出的同时，使画面的构图和谐而优美。结合蓝天绿地，表现出情侣间的美好

注意：
如果拍摄者对构图不是很熟练，可在菜单中通过设置"网格线"选项，显示网格。

网格线选项

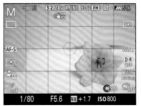

方形网格

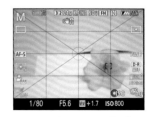

对角+方形网格

黄金分割构图避免了构图的对称性，使画面不再呆板。为了方便构图，黄金分割构图又演变出两种构图法：三分法和九宫格。三分法是将取景框横向或纵向分为三等份，拍摄时把主体安排在三分线上即可。

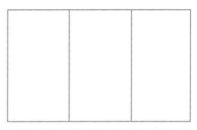

三分法示意图

📷 机型：NEX-5T 镜头：E 35mm F1.8 OSS 快门速度：1/3200秒 光圈：F5 感光度：200 焦距：35mm 白平衡：自动 曝光补偿：0EV

▲ 上图拍摄者将主体雕塑安排在画面的纵向三分线上，使其得到突出表现。稍仰的拍摄角度令布满云朵的天空成为背景，为画面增添了动感，使雕像更具气势

九宫格构图是将画面的横、竖均分为三等份，形成九个大小相同的格子，将主体放于格子的任意交点，使之突出于画面的构图方法，这四个交点被称为画面的趣味中心。根据人们的视觉习惯，将主体安排在四个交点中的右上角时视觉效果最突出。

九宫格示意图

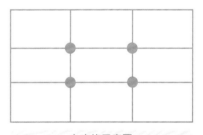

📷 机型：α6000 镜头：E PZ 18-105mm F4 G OSS 快门速度：1/1000秒 光圈：F4 感光度：200 焦距：100mm 白平衡：自动 曝光补偿：+1EV

▲ 上图拍摄者将丛花看作一个整体，安排在九宫格右上角的趣味中心，使其成为画面的焦点。由于拍摄距离较近，形成前实后虚的效果。背景光影闪烁的间隙由于镜头的虚化作用，形成圆形光斑，使画面更显唯美

注意：
我们可在实际拍摄中灵活使用九宫格构图：在表现特写人像时，可将人物的眼睛放于九宫格的趣味中心上；也可将较小的被摄体，如昆虫、花朵安排在九宫格的某一个交点上，使其得到突出表现。

■8.3.3 散点构图使画面更具整体感

当被摄体的形态基本一致、数量众多时,拍摄者可采用散点构图,表现多个相同事物所组成的整体画面。散点构图灵活、随意,画面主体是由多个个体所组成的一个整体,而非单个事物,因此拍摄者要注意个体之间的关系及位置。在拍摄时可设置较大光圈来表现事物之间的层次,使画面有虚有实、疏密结合,以免主次不明、呆板平淡。此构图法适用于商品、花卉等题材。

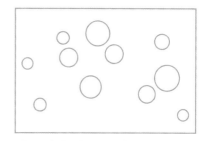

散点构图示意图

▶ 右图小花数量多且其形态一致,所以拍摄者使用散点构图来表现花朵的生长结构。在俯拍的视角表现下,接近镜头的小花形态得到清晰表现,而其余花朵被虚化成为背景,使画面有虚有实,层次清晰

📷 机型:NEX-5T 镜头:E 18-200mm F3.5-6.3 OSS 快门速度:1/80秒 光圈:F4 感光度:500 焦距:60mm 白平衡:自动 曝光补偿:0EV

■8.3.4 对称构图注重形式美

对称式构图是一种具有装饰美感的构图方法,擅长表现神奇、优美、庄严的画面效果。其以平分画面的横轴或纵轴为中心,使画面上下或左右影像相同、方向相反,从而产生图案之美。拍摄者可借助水中倒影或事物自身的对称结构来表现。此种构图法多用于建筑、花卉、静物摄影。在拍摄时,拍摄者需要根据被摄体的特点来构图,如果生硬地套用对称构图,极易使画面效果显得呆板而无生气。

中心

↑
两侧的墙壁
装饰形成左
右对称效果

📷 机型:α6000 镜头:E 10-18mm F4 OSS
快门速度:1/60秒 光圈:F5 感光度:1250
焦距:12mm 白平衡:自动 曝光补偿:0EV

▶ 右图拍摄者站在穹顶中央,采用极低的视角,以超广角镜头拍摄凡尔赛宫的穹顶,使照片产生急剧的透视变形,形成左右对称的构图效果,突出了建筑恢弘的气势及其金碧辉煌的装饰

8.3.5 水平线构图更具平衡感

水平线构图也称为横线构图，画面元素以水平方向排列，拍摄者可利用如地平线、海平面等水平线特征明显的事物来构图。以水平线构图的画面，具有稳定、宁静、宽广之感，可引导观者的视线在画面中左右移动，产生流动感，并可表现出画面的纵深空间，此构图多用来表现湖泊、大海、草原的宁静宽广。需要注意的是，画面中的水平线应保持水平。

📷 机型：NEX-7 镜头：Sonnar T* E 24mm F1.8 ZA 快门速度：1/500秒 光圈：F16 感光度：200 焦距：24mm 白平衡：自动 曝光补偿：-0.7EV

▲ 上图水平线贯穿整个画面，表现出草原的辽阔宽广。拍摄者将地平线置于画面下部，突出了天空中云朵的气势

📷 机型：α6000 镜头：E PZ 16-50mm F3.5-5.6 OSS 快门速度：1/400秒 光圈：F13 感光度：100 焦距：25mm 白平衡：自动 曝光补偿：0EV

◀ 左图拍摄者平稳持机，以确保大海的海平面在画面中保持水平。这样，在水平线构图下，平稳的海平面与动态的海浪形成动静对比。由于将水平线安排在画面的上部，使海浪得到突出表现

■ 8.3.6 垂直线构图强调被摄体的高度

垂直线构图是利用被摄体垂直的形
态特征或将被摄体以纵向排列来构
图，多用来表现垂线特征明显的事
物，如树木、建筑、人像、雕塑
等。以垂直线构图，有助于表现画
面的稳定感；以多条垂直线构图的
画面更富节奏感和韵律感，擅长营
造宏伟、凝重的画面氛围。

📷 机型：α5000 镜头：E PZ 16-50mm F3.5-5.6 OSS
快门速度：1/750秒 光圈：F13 感光度：400
焦距：35mm 白平衡：日光
曝光补偿：0EV

▶ 右图以垂直线构图表现，令矗立的建
筑群更加突出。广角镜头所表现出的近
大远小的透视效果，表现出画面的空间
感层次和节奏感

▶ 右图拍摄者利用建筑的巨柱以垂直线
构图，在表现画面节奏感的同时，结合
黑白图像样式突出画面的凝重感。看手
机的现代人与其身后的古建筑形成今昔
对比，隐喻时空的变迁

📷 机型：α6000 镜头：Vario-Tessar T* E 16-70mm F4 ZA OSS 快门速度：1/320秒 光圈：F9
感光度：500 焦距：16mm 白平衡：自动 曝光补偿：0EV

■ 8.3.7 斜线构图活跃画面气氛

斜线给人以不稳定之感，从而产生动感或流动感。斜线构图即是利用斜线的这个特性，以斜线来安排各个被摄元素，达到突出主体的目的。对角线构图是斜线构图的一种，对角线是画面中最长的斜线，能够以当前取景最大限度地表现被摄体的长度。斜线构图能够活跃画面，如果将主体安排在斜线之上，会产生向下或向上的动势。

📷 机型：α6000　镜头：E 10-18mm F4 OSS　快门速度：1/640秒　光圈：F6.3　感光度：500　焦距：12mm
白平衡：自动　曝光补偿：0EV

▲ 上图是拍摄者在乘坐火车时拍摄的。铁道和建筑在画面中全部以斜线的形式出现，表现出火车在行驶中的动感效果

◀ 左图拍摄者利用斜线构图表现细嫩的花枝，通过与旁边老树干的对比，表现植物勃发的生命力

📷 机型：α5000　镜头：Vario-Tessar T* E 16-70mm F4 ZA OSS　快门速度：1/1000秒　光圈：F4
感光度：100　焦距：24mm　白平衡：自动　曝光补偿：+1EV

■8.3.8 曲线构图以节律造气势

曲线是点运动的轨迹，具有延长、变化的特点，富于流动的变化之美。恰当地运用曲线构图，可使画面优美而富有韵律。曲线构图一般分为两种：C形和S形。C形构图为弧线式构图，能产生具有流动变化特点的画面，蕴含气势。多用于表现沙漠、建筑及运动画面。拍摄时可将主体安排在曲线的中部位置，使其得到突出体现。

▶ 观察右图，您的视线最先落在了何处？是不是弧线之内的人物或者隧道的尽头？这主要是因为弧线起到了引导观者视线的作用。而此图中多条同心弧线令其功能更强，并增强了画面纵深空间的表现，使照片更为立体

📷 机型：α7 镜头：Sonnar T* FE 35mm F2.8 ZA 快门速度：1/8000秒 光圈：F2.8 感光度：800 焦距：35mm 白平衡：自动 曝光补偿：0EV

159

S形构图具有引导视线的作用，可使观者视线随着曲线的走向移动，从而表现出画面的空间层次。拍摄者可将要表现的事物放置于曲线之上，使之与曲线浑然一体，富有韵律，多用于表现人体、河流、道路等题材。拍摄者可将主体安排在曲线的拐点处，以使其得到突出。

📷 机型：NEX-5T 镜头：E PZ 18-200mm F3.5-6.3 OSS 快门速度：1/250秒 光圈：F4 感光度：200 焦距：65mm 白平衡：自动 曝光补偿：0EV

◀ 左图，模特的动作令其身体形成S形，表现出年轻女性所特有的性感和妩媚。位于S形转折点和起始点的头、肩、胯、腿都得到了重点表现

8.3.9 辐射线构图营造视觉冲击力

辐射线构图是多条斜线的集合，斜线一端聚于画面中心，另一端向外呈放射状，从而表现出或发散或聚集的形态，有利于表现画面空间感。此种构图形式以动感取胜，透视感极强，配合使用超广角镜头可使透视变形感增强，产生强烈的视觉冲击。此种方法多用于表现花卉、公路、舞台及建筑的内部结构。

◀ 左图拍摄者利用电梯的结构，以广角镜头表现其透视空间，使画面形成透视汇聚效果。由于拍摄者站在扶梯之上，较低的快门速度表现出动态模糊效果，令画面更具视觉冲击力

📷 机型：α7R 镜头：Vario-Tessar T* FE 24-70mm F4 ZA OSS 快门速度：1/25秒 光圈：F5.6 感光度：800 焦距：24mm 白平衡：自动 曝光补偿：0EV

8.3.10 V字形构图使画面层次分明

V字形构图以两条斜线相交于一点，而斜线的另一端则向外扩展，将画面分为两部分，易于表现画面的层次空间。V字形构图擅长营造画面焦点，使位于V字形底部的事物得到突出表现。此种构图应用广泛，多用于表现山间的层次、建筑的立体空间，以及静物、人像的造型。

📷 机型：α6000 镜头：E 35mm F1.8 OSS 快门速度：1/8000秒
光圈：F2.8 感光度：200 焦距：35mm 白平衡：自动 曝光补偿：-0.3EV

▶ 右图拍摄者利用广角镜头在两幢建筑中间的空隙位置拍摄，使位于画面两端的建筑产生透视变形而形成V字形，引导观者望向画面远端，增强了画面的空间感。V字形构图中，天空填充了V字形的开口，令画面气韵生动

8.3.11 三角形构图营造视觉重心

三角形构图利用被摄体的三角形结构，或者将被摄体以三角形排列，使之呈现或稳定或灵动的画面效果。三角形构图有三种形式：正三角形、斜三角形和倒三角形。正三角形构图给人稳定宁静之感，多用来表现建筑和山体；斜三角形构图给人活泼灵动之感，多用来表现人物、花卉、静物；倒三角形构图中，三角形的顶点向下，形成极不稳定之感，从而使画面产生动感。

📷 机型：α 5000　镜头：E 10-18mm F4 OSS
快门速度：1/250秒　光圈：F5　感光度：160
焦距：14mm　白平衡：自动　曝光补偿：0EV

◀ 左图拍摄者利用天空和水面的倒影，以三角形构图，表现出景物的趣味性。在突出景物的同时，表现出意境美

📷 机型：NEX-5T　镜头：E PZ 16-50mm F3.5-5.6 OSS　快门速度：1/80秒　光圈：F4
感光度：12800　焦距：40mm　白平衡：自动
曝光补偿：0EV

◀ 左图拍摄者利用前景的单个人物与背景中的栏杆形成正三角形构图。正三角形使画面产生压迫感，而黑白形式的采用，更增强了压抑的氛围，令画面效果更有深度

■ 8.3.12 框架构图引导观者视线

框架构图是指利用如树木、建筑结构等前景或者被摄体自身形成的框架来引导、表现框架后面的主体，从而达到突出主体、表现画面空间的目的。此构图方法十分灵活，效果取决于主体的结构及拍摄者巧妙的构思。框架构图注重趣味性，切忌生搬硬套。机械地使用框架构图只会使照片显得呆板生硬，缺乏美感。一般来讲，框架不宜过大，以免喧宾夺主。

▶ 右图拍摄者以前景建筑的门洞作为框架，来表现埃菲尔铁塔，既令主体突出，又使画面的纵深空间得到体现，并表现出拍摄者的主观视角

📷 机型：α7　镜头：Sonnar T* FE 35mm F2.8 ZA　快门速度：1/8000秒　光圈：F2.8　感光度：200　焦距：35mm　白平衡：自动　曝光补偿：0EV

■ 8.3.13 大气透视展现空间层次

空气并不"空"，其间充斥着水分子、尘埃等，会使光线发生折射，使近处的景物暗，远处的景物亮，近处的景物清晰，远处的景物朦胧，这就是大气透视效果。我们可利用晨雾、烟霭等自然现象来表现这种透视效果，表现画面的空间层次，使主体更突出，营造朦胧而富有诗意的画面氛围。

📷 机型：α6000　镜头：E PZ 16-50mm F3.5-5.6 OSS　快门速度：1/250秒　光圈：F8　感光度：200　焦距：24mm　白平衡：自动　曝光补偿：0EV

▲ 上图在薄雾的笼罩下，山间弥漫的雾气使远山形成清淡的轮廓，与清晰的近景形成对比，表现出画面空间感，并使画面充满诗意

8.3.14 线性透视再现立体空间

在日常生活中，我们发现，本是平行的马路两边，在视线中会随着距离的增加而变得越来越近，如果道路足够长，就会在远方交于一点，这就是线性透视的表现。线性透视是表现画面透视感的常用构图方法。如果使用广角镜头，这种透视效果会更明显。线性透视多用来表现道路、建筑，以表现画面的立体空间感。平拍时，被摄体的平行线或其延长线将在远方汇于地平线上，表现出近大远小的透视变形。

▶ 左图拍摄者采用水平视角拍摄，使本是平行的轨道交于远端的地平线。在广角镜头下，线性透视效果明显，表现出近大远小的效果。在较近的距离内，远端的轨道急剧缩小，而在我们的认知中并不认为只是影像的缩小，而是认为距离变远了，从而使平面的照片表现出立体感

📷 机型：NEX-5T　镜头：E PZ 16-50mm F3.5-5.6 OSS　快门速度：1/250秒　光圈：F9　感光度：100
焦距：16mm　白平衡：自动　曝光补偿：0EV

在采用仰拍的视角时，被摄体的垂直线条会越来越近，其延长线将向上在空中汇于一点，表现出上小下大的透视变形效果，我们可以利用此现象表现事物的立体感及画面的空间感。此方法多用来表现建筑，使其显得高大雄伟；在拍摄人像时，则可夸大主体的身高，使其身材显得更加修长。

▶ 左图拍摄者采用广角镜头以极低的机位向上拍摄建筑，使建筑影像产生急剧的透视变形，令其高耸入云的气势得到突出表现

📷 机型：α6000　镜头：E 10-18mm F4 OSS　快门速度：1/400秒　光圈：F5.6　感光度：100　焦距：12mm
白平衡：自动　曝光补偿：0EV

■ 8.3.15 对比构图深化主题

对比法是利用事物中对立的两个方面加以比较，如冷暖、动静、虚实、疏密、黑白等对比，以使对立双方的特点更加突出，从而达到深化主题、突出主体的目的。在摄影中对比是常用的构图手段，下面我们就对一些常用的对比构图法进行讲解。

冷暖对比突出主体

冷暖对比是利用事物色彩的冷暖属性进行对比。色彩的冷暖是由于人们在长期的生活实践中对不同事物的冷暖认知而产生的对色彩冷暖的联想。如红橙色系可使人产生温暖的联想，而蓝绿色系则可使人产生冷的感受。我们既可利用其来表现画面的色彩感，又可使其产生对比，达到突出主体的目的。

机型：α6000　镜头：Sonnar T* E 24mm F1.8 ZA　快门速度：1/1600秒　光圈：F3.5　感光度：500　焦距：24mm　白平衡：自动　曝光补偿：0EV

▲ 上图中，在强烈阳光的照射下，形成暖调画面。少数民族妇女的衣着以青蓝色为主，而其头巾、上衣、背篓大多为暖色，形成冷暖对比。画面色彩感强，给人以热烈之感，生活气息浓郁

动静对比使画面更灵动

现实生活中，事物大多处于动态变化中，而摄影则是将动态事物定格于画面，变为静态的过程。因而，要想使画面表现出动感，我们可利用静态的事物来表现"动"，以使画面更生动，传达出"此时无声胜有声"的意境。运用动静对比能够使主体从画面中突显出来，并使画面产生节奏感，表现出浓郁的生活气息。

机型：α6000　镜头：E 10-18mm F4 OSS　快门速度：1/1000秒　光圈：F7.1　感光度：200　焦距：13mm　白平衡：自动　曝光补偿：0EV

▶ 右图拍摄者采用动静对比来表现小镇的街道。此图中，充足的光线起到了关键作用，拍摄者可设置高速快门，使高速运行中的车辆成像清晰，与建筑形成动静对比，表现出小镇的活力

疏密对比使主次分明

在画面中，如果被摄元素过多，会呈无主次地密布排列，使画面显得拥堵而无美感；如果表现事物过于单一，则易造成画面的单调。因此将构成画面的各个元素进行合理而科学的安排是十分必要的，拍摄者应使画面有疏有密，紧凑而不拥塞，"疏可走马，密不透风"，使画面更富条理性，进而产生节奏感。"密"可营造画面的视觉中心，产生形式美；"疏"可使画面透气，气韵生动而不拥塞。天空、水面、画面的空白部分皆可作为画面的"留白"，而成为"疏"。

▶ 右图拍摄者通过观察，发现了这一有趣的现象。一边是排队的密集人群，一边是独占空地的小女孩，疏密对比悬殊。画面中，作为"疏"的小女孩更为突出，成为画面主体，并起到平衡画面的作用

📷 机型：α7R　镜头：Sonnar T* FE 35mm F2.8 ZA　快门速度：1/1600秒　光圈：F5　感光度：200　焦距：35mm　白平衡：自动　曝光补偿：0EV

黑白对比表现简约之美

摄影中，黑和白是色彩的极端，代表色彩世界的阴极和阳极。它们因为对方的存在而映射出自身的特点。黑色、白色在单独存在时并不会特别显眼，而将它们放于一处时，就会产生白得耀眼、黑得无边的印象。黑和白普遍存在于现实生活中，在表现黑白对比时，应使其中一色作为画面主色，且其面积要稍大，以突出画面的整体感。通常说来黑白在画面中不可等分，以免生硬呆板。另外，还可利用灰色来丰富画面层次。

📷 机型：NEX-7　镜头：E PZ 18-200mm F3.5-6.3 OSS　快门速度：1/320秒　光圈：F4.5　感光度：100　焦距：70mm　白平衡：自动　曝光补偿：+0.3EV

▶ 在拍摄右图时，拍摄者利用逆光拍摄，形成剪影效果。在黑白照片中，昏暗门洞内的行人与高亮的背景形成对比，而细节则隐于阴影中，使主体形态得到高度概括。画面简约，更具形式感

虚实对比令画面气韵生动

所谓"虚"并非空无，而是指虚化的、隐藏起来的"实"；所谓"实"是指实体的事物、实际要表现的被摄体。虚与实相对立，却又相辅相成，是摄影构图中重要的表现手段。"虚"可化解实景所带来的闷塞之感，使画面更灵动，从而更好地衬托"实"。而正是由于"实"的映衬，才能显露"虚"的飘渺。虚化的背景、云、烟、雾、水中倒影等皆可作为"虚"的元素加以利用。

📷 机型：α6000　镜头：E 10-18mm F4 OSS　快门速度：1/60秒　光圈：F5.6　感光度：400　焦距：13mm　白平衡：自动　曝光补偿：0EV

▲ 请仔细观察上图，您能分清实景与虚景吗？玻璃在此起到了透镜与反光镜的双重作用。橱窗内的陈设、顾客、灯光与街道上的建筑倒影混合在一起，信息量大。画面虚、实夹杂，如梦似幻

📷 机型：α7S　镜头：Sonnar T* FE 35mm F2.8 ZA　快门速度：1/250秒　光圈：F2.8　感光度：400　焦距：35mm　白平衡：自动　曝光补偿：0EV

◀ 在拍摄左图时，位于前端的蜡烛杯是"实"的，而其后的景物是"虚"的。画面虚实相映，表现出宁静与灵动之美

光线与
色彩展现
精彩世界

Chapter 09

我们知道摄影是通过曝光来完成的，光线对摄影的重要性不言而喻。随着拍摄环境、光源、时间的变化，光线也千变万化，因此拍摄者应根据光线的变化相应地改变相机的设置。有光就有色，色彩依赖光线而显现，如何利用光线表现影调、合理安排画面色彩，使画面更具美感也是本章要与大家共同探讨的。此图中，日出时放射出的金黄强光，照耀在飞机的轮廓上。画面笼罩在一片金色之中，光与色无法分割。

机型：α7S 镜头：Vario-Tessar T* FE 24-70mm F4 ZA OSS   快门速度：1/200秒
光圈：F5 感光度：640 焦距：24mm 白平衡：自动 曝光补偿：0EV

9.1 微妙的光线

在摄影中，光线的作用是举足轻重的，决定着被摄体质感、形态及色彩的表现，并最终构成照片的影调。下面我们就来了解光在摄影中的应用。

■ 9.1.1 光位决定照片的影调表现

光位是指光的方位。不同的光位下，被摄体的明暗影调表现不同，进而会对其立体感及色彩表现产生影响。根据位置的不同，可将光位分为顺光、前侧光、侧光、侧逆光、逆光、顶光等。

顺光擅长表现被摄体色彩

顺光是指光源与相机在同一方向，被摄体朝向相机的一面完全受光。顺光下，事物的色彩会得到较好表现，不易产生投影，然而由于阴影较少，不利于表现被摄体的立体感。多用于花卉等题材及高调照片的拍摄。

顺光示意图

▼ 下图以顺光拍摄，景物的色彩得到较好表现。此图的亮点在于，建筑长长的阴影所表现出的图案感，填充了前景的空白，丰富了画面层次，并表现出趣味性

机型：α6000　镜头：Vario-Tessar T* E 16-70mm F4 ZA OSS　快门速度：1/640秒　光圈：F11　感光度：500　焦距：18mm　白平衡：自动　曝光补偿：0EV

前侧光示意图

光在被摄者后侧形成面积较窄的投影,勾勒出侧面轮廓

📷 机型:α7 镜头:Sonnar T* FE 35mm F2.8 ZA 快门速度:1/500秒 光圈:F6.3 感光度:100 焦距:24mm 白平衡:自动 曝光补偿:0EV

▶ 右图是在晴朗的户外采用前侧光拍摄的,小沙弥的服装色彩得到如实再现。光线在被摄体未受光的侧面边缘形成投影,轮廓被突出,立体感得到表现

前侧光使被摄体色彩及立体感都得到体现

前侧光的照射角度较顺光倾斜,光线与被摄体的夹角呈45°左右,从而使被摄体未直接受光的一侧形成较窄的阴影,立体感得到表现。在此光位的表现下,被摄体的色彩、质感、轮廓及立体感均可得到表现,是一种较为常用的光位。

侧光擅长表现被摄体的立体感

侧光只照射被摄体的一侧,光线照射方向与拍摄方向呈90°。被摄体表面的受光面与背光面参半,有利于表现被摄体的立体感及质感,是一种常用的光位。侧光易使被摄体表现为明暗对比鲜明的两部分,因而容易造成测光的偏差。拍摄人像时,为避免出现"阴阳脸",可采用反光板等补光工具对其阴影面进行补光。

侧光示意图

受光与背光面共同表现出建筑的立体感

📷 机型:α6000 镜头:Vario-Tessar T* E 16-70mm F4 ZA OSS 快门速度:1/60秒 光圈:F11 感光度:125 焦距:16mm 白平衡:自动 曝光补偿:0EV

▶ 右图中,在侧光下,建筑的表面形成受光面和背光面,立体感得到突出,景物的色彩也得到较好表现

侧逆光强调画面的空间感

侧逆光的光线来自被摄体后方，被摄体面对相机的一面会呈现较大阴影，因此色彩不能得到充分表现。侧逆光与前侧光情况相反，被摄体受光面很窄，会形成光带，从而勾勒出被摄体的侧面轮廓，使其从背景中凸显出来，可较好地表现被摄体的立体感。在此光位下，背景亮而近景暗，能够较好地交代背景环境，有利于表现画面的空间感。

侧逆光示意图

📷 机型：α6000　镜头：Vario-Tessar T* E 16-70mm F4 ZA OSS　快门速度：1/800秒
光圈：F2.8　感光度：160　焦距：16mm
白平衡：自动　曝光补偿：0EV

◀ 左图很明显是在侧逆光下拍摄的。投影在被摄体斜后方，人物受光面很窄，勾勒出人物的身体轮廓，起到突出主体、表现立体感的作用

顶光擅长表现建筑及平原

顶光光线来自被摄体上方，形成上明下暗的照明效果，如正午光线。顶光不利于拍摄人像，易使人物的眼窝、颌下形成浓重的阴影。但结合仰视、俯视的视角来拍摄树木、草原等题材则可使景物的色彩得到较好表现。

顶光示意图

📷 机型：α6000　镜头：Vario-Tessar T* E 16-70mm F4 ZA OSS　快门速度：1/500秒　光圈：F11
感光度：160　焦距：16mm　白平衡：自动　曝光补偿：-1EV

▲ 上图是在晴朗的正午拍摄的，阳光没有经任何遮挡直射地面。强烈光照下，建筑、地面的细节和色彩层次得到如实再现，与湛蓝的天空形成强烈的色彩对比，互相映衬，突出了画面的色彩感。阳光在建筑的屋檐和门洞下形成浓重的阴影，令其结构得到突出表现。游人的出现填充了前景的空虚，起到平衡画面的作用

注意：
以顺光拍摄时，不利于表现画面的空间层次及主体的立体感。此时拍摄者可设置较大的光圈或选择与主体颜色反差较大的背景。但是，如果光线较为强烈，设置大光圈就会使画面过曝，为避免曝光过度，应相应降低感光度并提高快门速度。

逆光更加强调被摄体轮廓

逆光时，光线从相机前方照射被摄体，与相机的拍摄方向相对。逆光下，被摄体朝向相机的一面被阴影所覆盖，不利于色彩的表现。在此光位下，被摄体的边缘因光线的照射而被勾勒出一条光边，极具装饰性，因而常被用作轮廓光。根据光源位置的高低以及照射距离的不同，被摄体会呈现不同程度的、类似剪影的效果。采用逆光拍摄的画面构图简洁，影调凝重，富有浓郁的生活气息。并且逆光还擅长营造画面氛围，使照片呈现或神秘或梦幻的意境，常用于拍摄日出、日落场景。

逆光示意图

机型：α7 镜头：Sonnar T* FE 35mm F2.8 ZA 快门速度：1/1250秒 光圈：F18 感光度：400 焦距：35mm 白平衡：自动 曝光补偿：-1EV

▲ 上图是在接近傍晚的时候拍摄的，太阳的位置很低，是拍摄剪影效果的好时机。建筑在强烈的光线下形成剪影效果，细节未得到表现，但轮廓得到突出。画面光影对比强烈，暖调的金色令日落时分所特有的情调更显浓郁

机型：α7R 镜头：Sonnar T* FE 35mm F2.8 ZA 快门速度：1/5000秒 光圈：F2.2 感光度：200 焦距：35mm 白平衡：自动 曝光补偿：0EV

◀ 左图拍摄于中午，光照强烈，拍摄者采用仰拍，将光线转变为逆光照明。强烈的光线对花朵形成透射，令其薄嫩的质感得到表现，同时叶片的色彩更为鲜绿

■ 9.1.2 光质体现被摄体质感

光质是指光线照射的强度，分为硬光和软光。强烈照射的直射光被称为硬光，而柔和的散射光被称为软光。光线照射强度的不同，使被摄体在画面中呈现的效果也不同。下面我们来分析一下不同光质的具体表现。

直射光擅长表现明快的画面

直射光不经过任何遮挡直接照射被摄体，光线强烈，使被摄体表面形成受光面和背光面，成为明暗分明的两部分。此种光线有利于表现被摄体的立体感，营造明快的画面氛围。由于光照强烈，被摄体的受光面极亮，背光面极暗，不易于表现细节层次。一般多采用硬光来表现明丽的风光、具粗糙质感的物体表面及性格刚毅的男性。

暗部细节层次不易表现

高亮处的细节层次少

纹理质感得到表现

◻ 机型：α7 镜头：Vario-Tessar T* FE 24-70mm F4 ZA OSS 快门速度：1/8000秒 光圈：F8
感光度：400 焦距：50mm 白平衡：自动 曝光补偿：+0.3EV

◀ 左图，在直射光的照射下，被摄体表面形成受光面和背光面，明暗对比强烈，立体感强。在硬光照射下，被摄体的纹理质感得到表现

散射光忠实再现被摄体细节

散射光是指光线在照射过程中，经一些介质（如云层、反光板、柔光罩）的遮挡，改变了光线的直射路径，形成了漫反射，降低了光照强度，因而也被称为"软光"。以散射光拍摄时，物体表面的光影过渡柔和，不会产生明显的明暗界线，明暗反差小，细节层次细腻，适于表现物体色彩及形态。值得注意的是，散射光由于明暗对比柔和，易使画面流于平淡，不擅长表现立体感。在拍摄时可通过色彩对比、拍摄角度的改变及相机设置来弥补。此种光线擅长营造温馨、轻松的氛围，多用来表现女性、儿童、花卉等题材。

◻ 机型：α7S 镜头：Vario-Tessar T* FE 24-70mm F4 ZA OSS 快门速度：1/640秒
光圈：F7.1 感光度：400 焦距：24mm
白平衡：自动 曝光补偿：0EV

◀ 左图是在雨后的下午拍摄的，云层较厚，柔和的漫反射光线几乎没有表现出照射的方向。画面中的事物受光均匀，地面上的行人、倒影，以及地面纹理均得到细腻表现，细节异常丰富，弥补了因阴天而致的画面灰暗，别有情调

■ 9.1.3　利用色温确立画面色调

无论是自然光还是人造光，都会产生不同的色温效果，从而影响画面的色彩表现。例如，在晴朗的中午或冷色荧光灯下拍摄时，光线色温很高，会使物体表面偏蓝色，画面呈现蓝色调；而在日光灯下或在傍晚的户外拍摄时，此时光线色温低，会使画面倾向于橙黄色调。由此可知，光线色温的不同，会影响照片中景物的色彩表现，并影响画面色调。

📷 机型：NEX-5T　镜头：E PZ 16-50mm F3.5-5.6 OSS　快门速度：1/160秒　光圈：F11
感光度：100　焦距：18mm　白平衡：自动
曝光补偿：0EV

▶ 右图是在西藏高原拍摄的，高原地域的天空异常清透碧蓝，色温很高，画面表现为蓝色调

📷 机型：α5000　镜头：E 18-200mm F3.5-6.3 OSS　快门速度：1/200秒　光圈：F5.6
感光度：160　焦距：105mm　白平衡：自动
曝光补偿：-1EV

▶ 右图是在傍晚拍摄的，此时光线色温很低，光线呈橙黄色，使景物蒙上浓浓的暖橙色调，从而使画面呈现暖调

小常识：
色温单位为K（开尔文），是表示光源光色的尺度。高色温的光线呈现冷蓝色调，低色温的光线呈现暖橙色调。光线的色温越高，则其光色越冷，光线的色温越低，则其光色越暖。

不同光源的色温数据

光源	色温（K）	光源	色温（K）
晴朗的蓝天	20000	日落日光	2000
多云的天空	7000	白昼荧光灯	4400
夏日日光	5600	泛光灯	3400
早晨与傍晚	4500	镁光灯	3800
黎明与黄昏	3500	钨丝泛光灯	3000

■ 9.1.4 软调与硬调的不同表现

被摄体受光程度不同，其明暗表现也不同。被摄体受光面与阴影面在亮度上的差别会形成光比，光比的大小决定着画面的光影表现。被摄体最亮部与最暗部的差别，称作最大光比。光比不同，会使画面形成不同的影调，进而使画面氛围发生改变。一般可将照片分为软调和硬调。

软调照片中，被摄体受光面和背光面的明暗对比小，光比小。主要采用散射光照明，以顺光、前侧光为主。软调照片明暗过渡柔和，层次丰富，质感细腻，擅长营造含蓄、柔美、轻松的画面氛围。

📷 机型：α7R 镜头：Vario-Tessar T* FE 24-70mm F4 ZA OSS
快门速度：1/80秒 光圈：F1.8 感光度：1600 焦距：24mm 白平衡：自动
曝光补偿：0EV

◀ 在表现人像题材时，多采用小光比的软调来营造柔美的画面氛围。在拍摄左图时，拍摄者利用窗光所形成的逆光制作亮背景。为使主体人像得到较好表现，采用柔和的前侧光为人物补光，亮部与阴影的过渡十分自然柔和，未产生明显的明暗界线

硬调照片的光比大，采用侧光、侧逆光拍摄，可得到大光比的画面效果。硬调照片中，被摄体的明暗对比强烈，缺少中间层次，画面构图简洁，多用来营造热烈、深沉、凝重、压抑的画面氛围。

小常识：
1. 拍摄软调照片时，可在多云天气下拍摄，或利用窗光、柔光灯照明，均可得到散射光，有利于得到小光比效果。
2. 拍摄硬调照片时，可在晴朗的户外拍摄，或者利用光照强度大、照射范围小的聚光灯等光源照明，以便形成大光比效果。

📷 机型：α6000 镜头：E 35mm F1.8 OSS 快门速度：1/1000秒 光圈：F5
感光度：200 焦距：35mm 白平衡：自动 曝光补偿：0EV

▶ 右图拍摄者以侧光来营造大光比效果，使画面明暗对比强烈，形成硬调画面。在大光比下，植物的色彩鲜艳，立体感得到突出表现

9.2 利用光线表现影调节奏

在黑白摄影时代，影调是指黑、白、灰在照片中形成的深浅不同的调子。在彩色照片盛行的今天，影调同样适用。影调是摄影艺术的重要表现手段，可用来表现物体的外观，体现着拍摄者对用光的理解。影调分为三种：高调、低调和中间调。

■ 9.2.1 高调擅长营造轻松雅致的氛围

所谓高调照片，是指照片中被摄体的受光面占绝大部分，几乎不产生投影，画面色彩以浅色、白色为主，黑色、深色只占很小的比例。但小比例的深色、暗色在画面中却是重点表现的对象，是画面中的点睛之笔，而占有较大面积的明亮色块则是画面的基调，起着营造画面氛围的作用。高调照片色彩明快，擅长表现轻松、时尚、神圣、高雅、恬淡、浪漫的画面氛围，多用来表现儿童、年轻女性等题材。

注意：
拍摄高调照片的注意事项：
1. 在拍摄时，宜采用照射面积大而柔和的光源，以减少阴影的面积。
2. 曝光量要比正常曝光增加一档，以使画面明亮通透，宁可使照片稍稍过曝，也不要欠曝。
3. 选用白色或浅色背景。
4. 逆光可使背景明亮，使画面通透。

📷 机型：NEX-5T 镜头：Vario-Tessar T* E 16-70mm F4 ZA OSS 快门速度：1/80秒 光圈：F4
感光度：800 焦距：60mm 白平衡：自动 曝光补偿：0EV

▲ 上图，拍摄者采用顶光加逆光的照明，以减少阴影的产生。画面中，白色的背景和浅色的花，突出了如玉的花质，表现出轻松雅致的氛围

■ 9.2.2 低调易于表现沉稳的意境

低调与高调恰恰相反，照片中以黑色、深色为主，亮部或浅色只占画面中较少的面积。在低调照片中，暗色是画面的主要基调，而高光或亮部却是表现被摄体立体感、营造画面氛围、表现空间感的重要元素。在拍摄时，可以深色、暗色作为画面背景，用光方面则采用发光面积小、照射强度大的逆光、侧逆光米制造画面中的小面积高光。低调画面擅长表现神秘、忧郁、肃穆、深沉、含蓄的主题，适合夜景、舞台、男性等题材的拍摄。

📷 机型：α6000 镜头：Vario-Tessar T* E 16-70mm F4 ZA OSS 快门速度：1/50秒
光圈：F3.5 感光度：640 焦距：17mm
白平衡：自动 曝光补偿：-0.7EV

◀ 左图是在室内的暗光环境中拍摄的。大面积的暗色占据了画面的绝大部分，仅有依稀几缕从窗口射进来的光线，而这些亮部却是画面的重点和主要表现对象。画面中，暗部的层次丰富，衬托出窗体的亮，进而令窗体的精美装饰得到突出表现。大面部的暗色渲染出肃穆的氛围，将教堂的神秘和古老表现到位

■ 9.2.3 中间调的画面温和朴实

中间调介于低调与高调之间，画面既不太亮也不太暗，明暗层次丰富。中间调的照片能够较好地表现被摄体的色彩、明暗及其立体形态，真实感强，生活气息浓郁，是最为常用的影调。但同时，中间调照片也易流于平淡，因而在拍摄中间调照片时，可多在色彩及构图方法上做文章。

放大的局部

📷 机型：α7 镜头：Vario-Tessar T* FE 24-70mm F4 ZA OSS 快门速度：1/400秒
光圈：F6.3 感光度：250 焦距：24mm
白平衡：自动 曝光补偿：0EV

◀ 左图中，高光和阴影所占画面比例很少，中间的灰色占画面大部分，画面层次丰富细腻。仅从放大的图像局部即可观察到灰色的丰富表现，避免了画面平淡无味

注意：
当以中间调拍摄时，易使画面效果流于普通，因此拍摄者应注意意境、色调的表现，并可通过调整拍摄角度，选择富有创意的构图来展现独特的视觉效果。

9.3 照片以色彩传递精彩

事物皆以色彩显现，而照片中的色彩表现不同于现实生活。这是因为照片中所表现的事物和画面是有限的，不能无目的、无选择地完全还原现实。所以我们在拍摄时，应事先根据画面所要表现的氛围、意境来合理安排色彩在画面中的布局、比例。下面对色彩表现进行详细讲解。

9.3.1 色彩三要素的功能表现

在摄影中，色彩是传达信息、营造画面氛围的重要元素，而色彩表现主要体现在三个方面，即色相、明度及饱和度，这也被称为色彩三要素。任一元素不同，色彩表现即不同。色相即色彩的相貌，如红、绿、蓝等；明度指色彩的明亮程度；饱和度则是指色彩的纯净度或鲜艳度。

色相的表现

色相是颜色的名字，其以射入人眼的光谱成分而定，不同波长的光使人眼产生不同的色觉。在色相环中，每种颜色都是由相邻两种颜色等量混合而成的，与圆心距离越近，色彩的明度越高，饱和度越低。色相的不同，反映出来的色彩信息也是不同的。

色相环

色相信息联想

色相	联想的事物	心理联想
红	血、太阳、火焰、日出、战争、仪式	热情、愤怒、危险、祝福、庸俗、革命
橙	夕照、日落、火焰、秋、橙子	威武、诱惑、警惕、正义、勇敢
黄	菜花、柠檬、佛光	快乐、光明、希望、向上、发展、庸俗
绿	草原、植物、森林、平原	和平、成长、理想、悠闲、平静、健全、青春、幸福
蓝	海、远山、水、月夜、星空	神秘、高尚、优美、悲哀、真实、回忆、灵魂、天堂
紫	丁香花、梦、死、仪式	优雅、高贵、幻想、神秘、宗教、庄重

不同色相的饱和度、明度不同

明度和饱和度对色彩的影响

不同色相在明度、饱和度上存在差异；而同一色彩受光程度不同，其在明度、饱和度的表现上也不同。明度变化是指同一颜色在明暗、深浅上的变化。如果在同一颜色中加入不同程度的白、黑，也会使颜色的明度、饱和度发生改变。

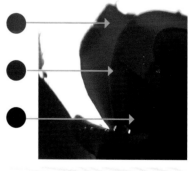

上图为不同受光程度下色彩明度、饱和度变化的示意图。此图为玫瑰花的局部，由于花瓣的受光程度不同，其色彩的明度、饱和度也不同

不同条件下色彩明度、饱和度的表现

条件	加白	加黑	反光率低的事物	反光率高的事物	光照强度大	光照强度弱
明度表现	提高	降低	较低，变化小	较高，变化大	提高	降低
饱和度表现	降低	降低	较高，变化小	较低，变化大	降低	降低

注意：
1. 如果照片中色彩过多，就会使画面效果杂乱。此时可利用光影的明暗有选择性地突出或弱化部分色彩。
2. 如果照片中色彩较少，就会使画面单调。此时也可利用光影的变化来丰富色彩层次的表现。
3. 当画面中色彩较多时，可在画面中的三个位置安排同一种颜色，此种方法有稳定画面效果的作用。

■ 9.3.2 色彩的冷暖决定画面氛围

色彩的冷暖感觉是人们在长期生活实践中通过对事物的感知而产生的。如火是红色，人们看到火就会感到火的炽热，从而产生暖的感觉，进而看到红色就会产生火、热的联想；清凉的海水、夜空为蓝色，所以人们看到蓝色就会产生冷的联想。人们将色彩中使人产生冷的感觉的颜色称为冷色，将色彩中有温暖感觉的颜色称为暖色。

冷色

在色相环中，蓝、紫、绿为冷色，具有宁静、压抑、忧郁、收缩、后退、清新之感。而在冷色中，也有冷暖之分，如蓝色最冷，绿色最暖。冷色擅长营造清新、淡雅、孤寂、恐怖的画面氛围。

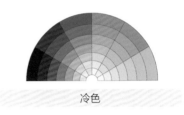

冷色

📷 机型：NEX-5T 镜头：E 18-200mm F3.5-6.3 OSS 快门速度：1/200秒 光圈：F14 感光度：100 焦距：18mm 白平衡：自动 曝光补偿：0EV

▲ 上图拍摄于晴天，色温较高，加上蓝天折射的蓝光，使画面呈现冷蓝色调，给人以清新怡人之感

暖色

暖色以红、橙为主，具有活跃、前进、兴奋、愉快、膨胀、温馨之感。在暖色中，红色最暖，玫红最冷。暖色多用来表现喜庆、欢乐、温馨的画面氛围。

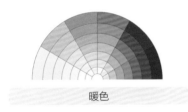

暖色

📷 机型：NEX-5T 镜头：E PZ 18-200 F3.5-6.4 OSS 快门速度：1/160秒
光圈：F8 感光度：200 焦距：18mm 白平衡：自动 曝光补偿：+0.7EV

▶ 右图中，暖色调的建筑在阳光的照射下，暖红色弥漫，宗教气息浓郁

注意：
1. 画面中冷暖色的比例不可对等。拍摄者应以一种色调为主调，将与之相对应的色调作为辅色，起到点缀、丰富画面色彩层次的效果即可。
2. 画面冷暖色调的选择以能够恰当表现画面意境为宜，不可生搬硬套。

■9.3.3 色彩的搭配技巧

图像的平衡很大程度上取决于画面中各组成部分的色彩比例，并且决定着画面总体的色彩表现，营造着画面氛围。照片色彩搭配得当，会使画面更美，更好地表现主题。一般多采用协调色和对比色。

协调色使画面色调统一

协调色搭配的画面可给人和谐、舒适、轻松之感。画面主要以同种色、类似色组成。同色系是指画面中只存在一种色彩，利用此色相明度、饱和度的不同变化，来表现画面的层次和韵律。

同色示意

机型：α6000 镜头：E 18-55mm F3.5-5.6 OSS 快门速度：1/200秒 光圈：F13 感光度：100 焦距：18mm 白平衡：自动 曝光补偿：0EV

▲ 上图拍摄于午后，在蓝天碧水的映照下，画面形成冷蓝色调。天空、白云、湖水及岩石在画面中呈现为不同的蓝色，形成同种色搭配，令画面色调统一，层次丰富，景物的空间亦得到表现

类似色是指彼此相邻的颜色。色相环中的每一种颜色都是由两种相邻颜色等量混合而成的。因此类似色之间的对比度很低，以类似色进行搭配，会使画面色彩更为协调。在进行色彩搭配时，应以一种颜色为主导，其他颜色为辅，起到丰富画面色彩的作用。

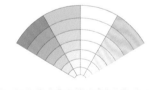

类似色示意

机型：α6000 镜头：E PZ 16-50mm F3.5-5.6 OSS 快门速度：1/250秒 光圈：F8 感光度：160 焦距：16mm 白平衡：自动 曝光补偿：-0.3EV

▶ 右图中，大片的黄绿色枝叶和蓝色的天空共同构成画面的主色，而建筑的色彩成为画面的辅色，起到丰富画面色彩的作用。类似色的色彩搭配，表现出协调的色彩效果

互补色使画面更精彩

在色相环中，位置上彼此相对的两种颜色称为互补色，如黄色和紫色、橙色与蓝色、红色和绿色。互补色对比是色彩中最为强烈的对比，可使图像的色彩表现更鲜艳，产生强烈的视觉冲击。如果以纯色为互补色对比，则画面的色彩对比效果会更为突出。

机型：α5000 镜头：Vario-Tessar T* E 16-70mm F4 ZA OSS
快门速度：1/640秒 光圈：F2.5 感光度：100 焦距：60mm
白平衡：自动 曝光补偿：0EV

互补色对比示意

▲ 在拍摄花卉题材时，红绿对比是很好的表现手法。上图中，红色的花朵和绿色的叶子构成红绿互补色对比。其中，由于叶片被虚化，色感减弱，使对焦清晰的红色花朵在画面中得到突出表现

180

金银色及黑白灰在配色中的作用

在进行色彩搭配时，加入黑白灰、金银色，会使画面效果变得沉着、典雅、华美。当画面中的色彩超过三种以上，或者采用对比强烈的互补色搭配时，为避免画面色彩显得杂乱无序，我们可利用黑白灰或金银色将色彩隔离，这样，就可有效缓解画面中强烈的色彩对比所带来的紧张感，并起到装饰画面的作用。

黑白灰

机型：α7S 镜头：Sonnar T* FE 55mm F1.8 ZA 快门速度：1/200秒 光圈：F2 感光度：100 焦距：55mm 白平衡：自动 曝光补偿：0EV

◀ 以左图为例，画面中包含了蓝、橙、红、绿、粉、黑等色，而身着白色服装的模特成为画面中的最亮点，立即将观者的视线吸引。由此可见，黑、白、灰运用得当，是会很出彩的

9.4 色调决定照片给人的整体印象

我们将一幅照片中总的色彩印象称为该照片的色调，如蓝色调、绿色调。色调一般分为三类：暖调、冷调、中性色调。不同的色调可表现出不同的画面氛围。色调是营造画面氛围、意境的重要手段，是拍摄者传达、抒发思想的媒介。下面，我们就对这三种色调表现进行讲解。

■ 9.4.1 暖调传达温馨

在画面中以红橙色等暖色为主的称为暖调。暖色调可营造热烈而温暖的氛围，给人热烈、欢乐、喜庆、庄严、华丽、富足、温馨之感。画面明度越高，暖调越显冷。暖调常用于拍摄日出日落、庆典等题材。

 机型：α7S 镜头：Sonnar T* FE 35mm F2.8 ZA 快门速度：1/100秒 光圈：F5 感光度：640 焦距：35mm 白平衡：自动 曝光补偿：-0.7EV

▶ 右图中，以烛光组成的场景令画面呈现橙黄暖调。烛光给人以光明、温暖之感，令人神往，神圣、温馨的氛围得到渲染

■ 9.4.2 冷调体现静美

冷调照片中，冷色占主导地位，亮度越高越显暖，亮度越低越显冷。在表现冷色调时，根据冷色的程度不同，可营造不同的画面氛围，或清新，或浪漫，或清冷，或恬淡，或阴森，或冷寂。在户外或海边拍摄的照片多呈现冷色调，这是由于天空和大海反射蓝光的缘故。

注意
调整画面色调的方法：
1. 在拍摄前，通过对白平衡的设置，可以达到调整画面色调的目的。
2. 还可通过对白平衡中的"色温/滤光片"功能的设置，轻松地改变照片色调，使之偏向冷调或暖调。

▶右图，覆盖有薄云的天空和河水占据画面的绝大部分，而这些景物呈现为明净的蓝色，形成冷色调。画面中，碧水蓝天给人以心旷神怡之感

机型：α6000 镜头：E 16mm F2.8 快门速度：1/400秒 光圈：F10 感光度：100 焦距：16mm 白平衡：自动 曝光补偿：0EV

■ 9.4.3 中性色调体现经典

黑、白、灰称为无彩色，也称为中性色。以中性色为主导色的照片，称为中性色调的照片。中性色调介于冷调、暖调之间，是中等明度、中等饱和度的色彩组合。中性色调的照片中，灰色为画面的主色，色彩层次细腻，更加强调明暗的表现，以此来突出画面的空间感和立体感。

不同程度的灰色

◀ 左图中，人物蓝色的着装与橙色的墙壁虽然分属于冷、暖色，但是其面积很小，仅起点缀的作用，且背景中的灰色占大部分。画面中，红、蓝、绿俱全，我们说这是一幅色彩比较丰富的中性色调的照片

📷 机型：α7R 镜头：70-400mm F4-5.6 G SSM Ⅱ 快门速度：1/30秒 光圈：F5.6 感光度：320 焦距：390mm 白平衡：自动 曝光补偿：-0.7EV

在实际拍摄中，中性色调是最为常用的，可表现出沉着、浑厚、稳重、高贵之感。由于中性色调的照片色彩反差小，容易令画面显得沉闷，要善于利用明暗对比、构图技巧来增加画面亮点。

📷 机型：α7 镜头：Vario-Tessar T* FE 4-70mm F4 ZA OSS 快门速度：1/400秒 光圈：F5 感光度：400 焦距：24mm 白平衡：自动 曝光补偿：0EV

◀ 左图，灰色的建筑成为画面的主体，这显然是一幅中性色调的照片。虽然，拍摄对象几乎为灰色，但是一点也不显沉闷，原因在哪儿呢？我们看到建筑是由多个方块构成的，由于拍摄者选择了能够表现其不同侧面的角度，令各个方块的形态、色彩产生了变化，活跃了画面气氛，令照片非常有看头。因而，我们应学习这种独特的拍摄思想，使照片与众不同

注意：
在表现中性色调的照片时，易出现不温不火、灰暗不明朗的效果。为避免此现象，要注意把握好灰、白、黑在画面中的分量，并利用构图调整其在画面中的比例、位置。

在旅途中
拍摄风光

风光摄影是对大自然的再现与再创作，其题材包罗万象，海、陆、空各个空间的景物都可入画，因而拍摄者在拍摄方法及镜头选择、配件应用等方面应根据所摄题材的特点灵活处理。在本章，我们将对风光摄影的用光、取景以及各个题材的表现方法做系统的讲解。在拍摄此图时，拍摄者采用镜头的标准焦段，纵向取景。在平拍的表现下，以椰树林为主体进行对焦并拍摄。在前景水面和背景天空的映射下，丛林得到突出表现。水平线构图增强了画面的清幽意境。

机型：NEX-5T　镜头：E 18-200mm F3.5-6.3 OSS LE　快门速度：1/320秒
光圈：F11　感光度：100　焦距：50mm　白平衡：自动　曝光补偿：0EV

10.1 季节、气候、时段对风光摄影的影响

风光摄影取材于大自然，在用光方面主要以自然光为主。自然界是千变万化的，不同的季节、气候，以及一天中不同时段的光线表现都是不一样的，即使拍摄同一景物，光线的变化也会使其在画面中表现各异。本节我们将对不同季节、气候、时段中的光线特点做介绍，以使大家掌握自然光的特点及其应用。

10.1.1 掌握四季风光的特点

由于一年中各个季节的气候不同，自然界中景物的色彩与形态也不同，因而在拍摄时，相机的设置、拍摄方法各异。下面我们分别对四季的特点进行讲解。

春季万物复苏、百花齐放，一片欣欣向荣之景，此时太阳光线的照射强度弱，照射角度低，形成斜射，能够较好地表现被摄体的质感、色彩及立体感。因而在此季节拍摄，可纳入适当植物，以丰富画面色彩。另外，还可通过调整快门速度来表现被摄体在春风吹拂下的动感形态。

📷 相机：α7R　镜头：FE 70-200mm F4 G OSS
快门速度：1/6400s　光圈：F4　ISO：100
焦距：100mm　白平衡：自动　曝光补偿：0EV

▲ 早春很多植物还在萌芽阶段，而樱花、梨花却已率先开放，将其纳入画面，可为画面增姿增色，起到交代时令的作用。在拍摄上图时，光照充足且角度低，在逆光的照射下，表现出花的立体感及花瓣的半透明质感，背景虚化的光斑正好暗合"春光融融"的意境

📷 相机：α5000　镜头：E 35mm F1.8 OSS
快门速度：1/500s　光圈：F4.5　ISO：200
焦距：35mm　白平衡：自动　曝光补偿：0EV

▶ 在盛夏植物生长茂盛，太阳位置较高，适当纳入花卉、建筑，可丰富画面色彩。右图的拍摄时间为下午，阳光形成斜射，在多云的天气下，光照强度适中，景物色彩得到真实再现

184

夏季气温是一年中最高的，十分适合动植物的生长，此时大地被蒙上绿色植被，展现出勃勃生机，是拍摄植物、田野、青山绿水的好时机。夏季光照时间长，也延长了拍摄时间。然而由于此季节太阳光照角度高，且日照强度大，多为直射，会在景物表面形成浓重的阴影，使画面中的景物形成较大的明暗反差，不易表现景物细节。因而，在此季节拍摄时，宜避开中午时段，并准确测光，适当增减曝光补偿值，以保证曝光准确。

秋季是丰收的时节，植物的色彩由绿色转为黄色。在此季节拍摄时，可重点表现植物的色彩及丰收的场景。此时秋高气爽，天高云淡，天空的景色变得更加迷人，适当纳入天空可使拍摄的画面明丽，更好地表现出秋的韵味。秋季光线与春季光线相似，较为柔和，光照角度低，十分适宜拍摄。

相机：α7S 镜头：FE 70-200mm F4 G OSS
快门速度：1/80s 光圈：F8 ISO：200
焦距：130mm 白平衡：自动 曝光补偿：0EV

◀ 为表现草原秋季的整体印象，在拍摄左图时，拍摄者登上高远之地，利用长焦镜头，摄入广阔的场景。金色的丛林在画面中形成大面积的黄色色块，与绿色的草原共同构成了画面的黄绿色调。细小的蒙古包和羊群为画面注入了生机和活力，突出了金秋草原之美

冬季气温为一年中最低的，万物进入冬眠状态，植物大多是光秃秃的，此时可着重表现松柏，突出其傲然挺立之姿。冬季里天空的色彩亦变得灰暗，可营造阴沉低调、萧索的画面氛围。此季节的光照角度低、照射强度弱，画面显灰，易表现景物的细腻质感，而不易表现景物的整体层次。在拍摄时，宜通过测光、曝光补偿等设置，来加强画面的明暗对比。另外，雪景是冬季所特有的景观，拍摄者可表现皑皑白雪的梦幻世界。但是在拍摄雪景时，使用自动测光拍摄极易造成画面曝光不足，为避免此种情况，我们应在相机的测光基础上做正曝光补偿。

注意：
1. 在夏季拍摄时，由于光照充足，阳光直射，应尽量避免在中午拍摄。
2. 在冬季拍摄时，由于此时光照较弱，阳光斜射，易使画面显灰，应观察光线方向有目的地选择拍摄角度。

相机：NEX-5T 镜头：E 18-200mm F3.5-6.3 OSS 快门速度：1/8s 光圈：F11 ISO：200
焦距：19mm 白平衡：自动 曝光补偿：+1.0EV

▶ 冰雪是冬季特有的表现题材。冰雪能够覆盖大面积地面，可起到简洁画面的作用。右图所表现的是冰冻的海岸。拍摄时，为避免相机自动测光所导致的曝光不足，拍摄者在相机自动测光后，可作EV+1.0的曝光补偿，使夜晚的冰景曝光正常

■ 10.1.2 不同气候下景物表现各异

在拍摄风光时，我们可利用气候来营造画面氛围，深化画面意境。风晴雨雪，不同气候下的光线表现及景物的形态各不相同，因而表现方法也各异，下面以表格形式对各种气候的表现及其拍摄方法做一个简单介绍。

气候	表现及拍摄方法
风	风是无形的，如果要表现风，则需要借助被风吹起的景物（如柳条、旗帜、水面）来体现。在有风的日子里拍摄，需要设置较高的快门速度，以保证景物的清晰。风吹的程度有大小之分，在拍摄微风时，无需设置过高的快门速度；若风速较快，则需要设置较高的快门速度
晴	晴天光线充足，能够较好地表现事物色彩，适宜表现明丽、高调的画面效果。晴天时光照强烈，明暗反差大，事物表面形成浓重的阴影，而亮部区域层次表现不细腻，不利于表现事物的质感，需要防止画面曝光过度，应设置较小的光圈、较高的快门速度，并设置低感光度。此外，还可利用偏振镜、中灰滤镜等来降低进入镜头的光量
多云	在晴朗而有云的天气中，太阳光既不会如晴天般强烈，也不像阴天时那样沉闷。此时景物的色彩、质感、立体感都可得到如实再现，非常适宜拍摄
阴	阴天时，天空云层较厚，阳光经云层折射而形成散射光，景物的明暗界线不十分明显，能够细腻地表现景物的质感及色彩。然而由于其光照方向不明显，不易表现事物的立体感及景物之间的层次，容易造成画面的灰暗
雨	雨天时，光线较为阴暗，易于营造阴郁、低调的画面氛围。如果想要表现雨丝，则可设置较低的快门速度。曝光时间越长，雨丝越长，效果越明显。此外应避免采用逆光拍摄，这样会形成亮背景，使雨丝不明显
雾霭	雾多出现于秋冬季节的晨昏；而霭多出现于山间，可使山景显得柔美而飘渺。雾霭会使景物的能见度降低，易表现朦胧而迷离的画面效果。一般来讲，薄雾较适宜拍摄。侧光或侧逆光可使雾景显得通透，表现出景物的空间感
雪	雪可将地面景物覆盖，起到简洁画面的作用。冰雪极易反光，宜在逆光下拍摄，以表现冰雪的晶莹剔透。在晴天时，雪的反光极强，会使相机的测光系统误以为现场光线过亮而设置较低的曝光值，因此应适当增加曝光补偿

机型：NEX-5R 镜头：E 18-200mm F3.5-6.3 OSS 快门速度：1/20s
光圈：F5.6 ISO：800 焦距：120mm 白平衡：自动 曝光补偿：+0.7EV

▶ 右图拍摄于雨天。拍摄者通过增加曝光补偿来提高画面亮度，并利用暗色的背景使雨丝得以显现。由于环境光线较暗，拍摄者将感光度设置为ISO800，以保证快门速度

相机：α6000 镜头：E 10-18mm F4 OSS 快门速度：1/1000s 光圈：F10
ISO：200 焦距：12mm 白平衡：自动 曝光补偿：0EV

▲ 上图拍摄于晴天直射光线下，景物明暗分明，易表现事物的立体感，需要设置较高的快门速度及低感光度。在拍摄此图时，为了避免天空过亮，拍摄者使用了中灰渐变镜

相机：α5000 镜头：E 50mm F1.8 OSS 快门速度：1/8000s 光圈：F2.8
ISO：200 焦距：50mm 白平衡：自动 曝光补偿：+0.3EV

▲ 在拍摄上图时，正值风劲。拍摄者采用高速快门速度来定格花枝随风摇曳的瞬间，使画面显得更为生动

相机：α7 镜头：E 35mm F1.8 OSS 快门速度：1/200s 光圈：F9 ISO：100 焦距：35mm 白平衡：自动 曝光补偿：0EV

▲ 上图拍摄于多云天气，光线为柔和的散射光。景物的明暗过渡柔和，同时表现出景物的立体感

机型：α7R 镜头：Vario-Sonnar T* 16-35mm F2.8 ZA SSM 快门速度：1/500s 光圈：F7.1 ISO：500 焦距：15mm 白平衡：自动 曝光补偿：0EV

▲ 在拍摄上图时，天空阴暗，光线为柔和的散射光，事物受光均匀。在高速快门的设置下，阴暗的画面，如实再现了现场氛围

📷 相机：α7S 镜头：Vario-Tessar T* FE 24-70mm F4 ZA OSS 快门速度：1/2000s 光圈：F11 ISO：200 焦距：24mm 白平衡：自动 曝光补偿：+1EV

▲ 在拍摄上图时，天气晴朗而多云且风势较大，拍摄者在采用多重测光的基础上，做+1EV的曝光补偿，配合小光圈的设置，使雪的层次得到细腻表现。明亮的光线令高速快门得到保证，将流动的云朵形态凝固，增强了画面的表现力

📷 机型：α6000 镜头：E 18-200mm F3.5-6.3 OSS 快门速度：1/1250s 光圈：F8 ISO：200 焦距：75mm 白平衡：自动 曝光补偿：0EV

▲ 上图拍摄于清晨，远山雨林的雾霭产生了隔断作用，山景被隐藏，而浓厚的雾气形成天然的背景，令近景更为突出

■ 10.1.3 不同时段的阳光使画面千变万化

风光摄影以太阳光为主要光源，但随着时段的不同，太阳的位置、光照角度以及光照效果都不相同。根据一天中太阳的运动规律，一般可分为以下几个时段：黎明、日出、上午、中午、下午、日落及黄昏。下面以表格形式进行详细讲解。

时段	表现及拍摄方法	注意事项
黎明与黄昏	在这两个时段中，太阳未出或太阳已落，处于地平线之下的太阳将天空云霞照亮，是拍摄朝霞、火烧云的好时机。此时环境光线较暗，宜设置较高的感光度，并开大光圈、延长曝光时间，以提高画面亮度。此时段十分短暂，天空亮度变化极快，光线色温高，会得到清冷的蓝调画面，同时也是拍摄夜景的理想时刻	拍摄者应事先预知日出或日落时间，提前到达拍摄地点，为拍摄做好准备。此时天空明暗反差大，在拍摄时，应以云霞较亮处为测光基准，以免画面曝光过度
日出日落	这两个时段太阳处于地平线，照射角度为0°～15°，光线变化快，时间短。此时光线色温低，天空色温高，画面冷暖色兼具，效果绚丽。在此题材中，太阳、云霞为画面主体。由于此时光质柔和，空气透视效果明显，影调丰富，易于表现景物的空间感	同上
上午和下午	这两个时段是正常拍摄时段。光照角度在15°～60°，阳光照度变化不大，持续时间长，光比适中，有利于表现景物的立体形态及质感。此时色温大约在5500K～5600K，景物色彩能够得到正常表现	此时光线适中，可选择的光位较为丰富，拍摄者可多走动，以找到更适当的光线
中午	此时段太阳位置高，照射角度在60°～90°，形成顶光照明，使景物上明下暗，太阳光线强烈，景物明暗反差大，不利于表现景物的立体感。此时拍摄，可较好表现草原等平原景色的色彩。在拍摄建筑时，则可使其轮廓突出	此时光线强烈，在拍摄时应使用低感光度、高速快门、小光圈，以免画面过曝；并避免镜头直面太阳，以免损伤镜头元件

189

📷 机型：α5000　镜头：E 55-210mm F4.5-6.3 OSS　快门速度：1/500s　光圈：F11 ISO：200　焦距：145mm　白平衡：自动　曝光补偿：-0.7EV

▲ 上图拍摄于日落时刻，拍摄者以云霞为测光基准，以免天空曝光过度。此时光线色温低，使画面蒙上暖调。较小光圈的设置，使云霞的影像清晰。广角镜头摄入广阔场景，使日落景象更加壮美

机型: NEX-5T 镜头: E 18-200mm F3.5-6.3 OSS 快门速度: 1/400s 光圈: F10 ISO: 1000 焦距: 34mm 白平衡: 自动 曝光补偿: 0EV

◀ 左图中，太阳已经落山，云霞尚余。此时天色尚未全黑，呈暗蓝色，而灯火即将点亮，是拍摄夜景的好时机。高感光度及大光圈的设置，使景物得到较好表现

▼ 下图拍摄于黎明时刻，此时太阳在地平线之下，低角度的照射使天空云霞的底部呈橙红色，使其在青蓝色的天空中突显。小光圈使远方景物细节得到表现

相机: α7S 镜头: Vario-Sonnar T* 16-35mm F2.8 ZA SSM 快门速度: 1/50s 光圈: F11 ISO: 320 焦距: 16mm 白平衡: 自动 曝光补偿: 0EV

机型：α7　镜头：Vario-Tessar T* FE 24-70mm F4 ZA OSS　快门速度：
1/1000s　光圈：F10　ISO：150　焦距：24mm　白平衡：自动　曝光补偿：-0.3EV

▲ 上图为下午所摄。此时光线充足，照射强度适中，可较好地
表现景物的色彩及细节

机型：α6000　镜头：Sonnar T* E 24mm F1.8 ZA　快门速度：1/1000s
光圈：F10　ISO：125　焦距：24mm　白平衡：自动　曝光补偿：-0.3EV

▲ 上图为正午所摄，在顶光的照射下，地面上景物的色彩得到
了较好表现。由于光线充足，设置低感光度拍摄即可

10.2 ▸ 拍摄风光照片时取景的学问

风光摄影，既可表现磅礴大气的壮丽景色，又可表现细腻别致的小景。在构图时，镜头的焦距和视角的高低不同，会使画面中的景色得到迥然不同的表现。因此，我们在拍摄时就应事先决定好画面的表现内容，在之后构图取景时，就可通过调节镜头焦距来确定表现视野；通过变换机位的高低来表现景物特点。

■ 10.2.1 焦距的长短展现不同视野

我们在前面的构图章节中已讲解了景别对画面内容的影响。风光摄影多为边走边拍，镜头的焦距决定了取景范围，因此焦距的长短对视野表现的作用就显得更为明显。如果要表现远方景物宏大的场面，则应使用中长焦段；如果想要表现景物从近景到远景的画面，或者夸大实际的空间，则应使用30mm以内的焦段；如果需要表现远景某一局部景色，则需要使用长焦镜头。

注意：
除了镜头焦距外，还应注意实际的拍摄距离，预想拍摄的效果，才能得到较为理想的构图。使用广角镜头拍摄时，要考虑到其深景深、透视感强的特点；而在使用长焦镜头拍摄时，要考虑到其浅景深、视角窄的特点。

📷 相机：NEX-5T 镜头：E 10-18mm F4 OSS
快门速度：1/4000s 光圈：F6.3 ISO：320
焦距：12mm 白平衡：自动 曝光补偿：0EV

◀ 左图拍摄者采用广角镜头拍摄，将远近景物全部纳入画面，利用近景与远景的对比，表现出景物的空间感

📷 机型：α6000 镜头：E 18-200mm F3.5-6.3 OSS 快门速度：1/1250s
光圈：F11 ISO：200 焦距：32mm 白平衡：自动 曝光补偿：-1EV

▲ 上图为拍摄者在较远位置采用广角镜头拍摄。相对于上右图，景物较小，取景范围较大，利于表现画面的空间感

📷 机型：α6000 镜头：E 18-200mm F3.5-6.3 OSS 快门速度：1/1250s
光圈：F11 ISO：200 焦距：120mm 白平衡：自动 曝光补偿：-1EV

▲ 拍摄上图时，拍摄者所处位置与左图相同，长焦镜头可将景物拉近，以表现远处局部景物，使其如在眼前

■ 10.2.2 独特视角呈现别样风采

风光摄影题材丰富、取景范围大，在不同角度下，可呈现不同的画面效果，营造不同的画面氛围。因此在取景构图时，拍摄者应根据被摄主体的特点，采用与之相应的视角。例如，在拍摄高大的建筑时，宜采用前侧视角仰拍，这样能更好地表现建筑的立体感及高耸入云之势。

相机：α7 镜头：Vario-Sonnar T* 16-5mm F2.8 ZA SSM 快门速度：1/1600s 光圈：F11 ISO：125 焦距：19mm 白平衡：自动 曝光补偿：0EV

▶ 在拍摄高大的建筑、山峰等立体形态的景物时，宜低角度仰拍，以展现事物的高耸之势。右图中拍摄者以低位仰视角度拍摄建筑群，表现出现代建筑的宏伟之势

相机：α7S 镜头：Vario-Tessar T* FE 24-70mm F4 ZA OSS 快门速度：1/1250s 光圈：F8 ISO：640 焦距：25mm 白平衡：自动 曝光补偿：0EV

◀ 俯拍能够表现景物概貌。由于取景范围大，在俯拍时，一般采用高位俯拍。上图拍摄者高位俯拍地中海地区繁密的建筑布局，画面景色一览无余

相机：NEX-5T 镜头：E PZ 18-105mm F4 G OSS 快门速度：1/1000s 光圈：F11 ISO：200 焦距：75mm 白平衡：自动 曝光补偿：-0.7EV

▶ 平拍可表现景物的平实之感，但易使画面流于平淡，我们可根据景物的特点，利用与之相应的构图法则来丰富画面效果。右图拍摄者以平视的角度结合公路曲线来呈现高原景色，表现出画面的纵深空间感

10.3 各类风光题材的拍摄技巧

风光摄影题材广泛且种类繁多，自然风光、人文景观，皆可入画。由于各个地域、不同景物的形态各异，因而表现手法也应机动灵活。应根据主体的特点，在拍摄时对相机、镜头、配件做相应调整。而在具体拍摄时，还应结合当时的光线、环境特征，利用各种拍摄手段，以独特视角表现出拍摄者对景物的观感与联想。下面我们就针对风光摄影中的一些常见题材的特点及其拍摄方法做简单介绍。

■ 10.3.1 表现山的质感与气势

由于地域、季节、时段的不同，山的形态特征各异。并且由于山的形态庞大，因此拍摄视角、位置的选取显得格外重要。在一般情况下，如果要表现山脉的绵延之势，应使用长焦镜头，选取较为高远之处拍摄点，并采用横向构图；而如果想要表现山的巍峨之势，则应以低角度广角镜头仰拍，竖幅构图较为合适。远景可表现群山巍峨之势，而近景则利于表现山石的质感。

> 注意：
> 1. 光线是表现山体质感的重要因素，应选择除顺光、逆光之外的光位。
> 2. 表现山体的气势，应立意在先，根据山体的外形特点，考虑镜头、焦距和构图。

📷 相机：α5000　镜头：DT 55-300mm F4.5-5.6 SAM　快门速度：1/125s
光圈：F8　ISO：200　焦距：300mm　白平衡：自动　曝光补偿：-0.7EV

▶ 右图拍摄者在高位采用平视角度拍摄，表现了山峰的高耸。F8光圈的设置，使雪山的质感得到细腻表现。蓝天丰富了画面色彩，并暗示出山峰的高大，起到了衬托主体的作用

📷 相机：α6000　镜头：Vario-Tessar T* E 16-70mm F4 ZA OSS　快门速度：1/1600s
光圈：F9　ISO：500　焦距：34mm
白平衡：自动　曝光补偿：0EV

◀ 左图以横向构图表现山景的宽广与雄浑。运用广角镜头拍摄，可将山的高度及周围环境表现出来。画面中，远景、中景、近景三景俱全，且天空、山体、地面景观都得到了表现，很好地表现出画面的空间感

在光线选择上，应以侧光为宜，以表现出山的立体感；在构图时，宜以三角形、V字形以及水平线等构图法来表现山的形态。

▶ 在拍摄右图时，拍摄者使用镜头的标准焦距将远处的山峰纳入画面，使山峰好似近在眼前。利用山峰三角形的形态来构图，较好地表现出山的气势。散射光下，覆盖山体的绿色植被得到细腻表现，进而表现出山体的立体形态

相机：α5000 镜头：DE PZ 18-105mm F4 G OSS 快门速度：1/250s 光圈：F8 ISO：320 焦距：52mm 白平衡：自动 曝光补偿：0EV

另外，还可利用山景的周围环境来丰富画面构图：利用天空、水面及烟霭来丰富画面色彩，活跃画面氛围，以缓解山势所带来的压迫感。

▶ 右图天空及水面的纳入，起到了疏通画面气脉的作用。山与水相结合，使山景显得更加秀美。水平线构图突出山脉的连绵之势，并渲染出宁静的氛围

相机：α6000 镜头：E 18-200mm F3.5-6.3 OSS 快门速度：1/1000s 光圈：F16 ISO：200 焦距：120mm 白平衡：自动 曝光补偿：-0.7EV

在拍摄山间云雾时，由于雾霭飘忽易散，维持时间短，故而应注意把握拍摄时机，在拍摄前做好准备。由于烟雾易造成画面灰暗，拍摄时应注意光线的方向，并采用手动曝光，适当增加曝光补偿，以免画面欠曝。

机型：NEX-5T 镜头：E 18-200mm F3.5-6.3 OSS 快门速度：1/500s 光圈：F7.1 ISO：320 焦距：34mm 白平衡：自动 曝光补偿：0EV

▶ 右图，山体被植物覆盖，突出了山的活力，令季节性得到体现。在逆光的透射下，山间薄雾的质感得到体现，增强了空间层次的表现

■ 10.3.2 展现水景之美

山无常势，水无常形。水的形态是千变万化的，会根据地形的不同，而形成大海、湖泊、河流、瀑布和小溪。地势和形态的不同，又使水流之势各不相同，如宁静的湖泊、滔滔的江河，所表现出的意境就大不相同，因此，不同形态水景的拍摄手法也不相同。下面我们就对这些水景的拍摄方法做详细介绍。

展现湖泊的宽广宁静

湖泊存在于内陆，是由占地较广的洼地形成的宽广水域。其形态多为静止，因此在拍摄湖泊时可着重表现其宁静祥和的氛围；利用四周环抱的山石、树林来表现湖泊的形态，拍摄时多采用水平线、C形以及对称等构图方法；取景时还可利用倒影、小舟及水鸟等来丰富画面，以表现湖泊的灵动之美；在用光方面，则可采用侧光和逆光来表现波光粼粼。需要注意的是，湖面易反光，会对测光造成误导，因此在测光时，不应以湖水为测光点。

相机：NEX-5T　镜头：Vario-Tessar T* E 16-70mm F4 ZA OSS　快门速度：1/200s
光圈：F14　ISO：100　焦距：19mm
白平衡：自动　曝光补偿：0EV

▶ 右图拍摄者以广角镜头结合水平线构图表现出湖面的宽广。小光圈结合1/200秒的快门设置，使得顶光下的水面的粼光得到如实再现

表现河流与小溪的流动之势

河流由高原雪山为源头，从高地向低地流动，汇于湖泊和海洋。由于河流与小溪的形态相似，故其表现手法相近。在拍摄时，拍摄者可通过设置不同的快门速度来表现水流之势：高速快门可凝固流动中的水流，以表现水流的激越之势；而低速快门则可使水流表现为丝滑之态，易于表现水的整体形态。在构图时要根据地势，选用曲线、斜线等构图方法来表现河流的形态。低角度近景拍摄，可细腻地表现水的流势；高角度远距离取景，则可表现河流的流向。拍摄时可用侧光或侧逆光来表现水流的清澈质感，并多利用岸边景物来丰富画面。

相机：α6000　镜头：E 10-18mm F4 OSS
快门速度：1/500s　光圈：F11　ISO：400
焦距：16mm　白平衡：自动　曝光补偿：0EV

◀ 左图拍摄者站在较高的位置取景，以平角度表现河流的走向。在多云天气的散射光下，景物色彩得到较好表现。而较高的快门速度也记录下河水的奔涌之势

定格大海的浩渺与激越

大海博大而宽广，若要在取景构图时将此特点表现出来，宜采用广角镜头拍摄，因其取景范围大，可将远近景纳入镜头；此外，还可使用长焦镜头在较为高远的位置拍摄，以纳入更多景物，表现出大海的气势。海岸、海浪以及海面皆可入画，同时可选用水平线、斜线、C形或S形构图，以表现大海的形态。如果要表现海浪的形态，则需要设置较高的快门速度。

📷 相机：α7R　镜头：E 10-18mm F4 OSS　快门速度：1/1600s　光圈：F11　ISO：250　焦距：12mm　白平衡：自动　曝光补偿：-0.3EV

▲ 上图拍摄者使用广角镜头在高位俯拍，将较大范围的海景纳入镜头。低色温的白平衡设定，使画面呈现冷蓝色调，令大海更加蔚蓝。高速快门将涌动的云及翻滚的海浪定格，表现出大海的气魄

📷 相机：α5000
镜头：E 18-200mm F3.5-
6.3 OSS LE
快门速度：1/2000s
光圈：F8　ISO：100
焦距：35mm
白平衡：自动　曝光补偿：0EV

▶ 右图拍摄者以广角焦段表现近景海浪形态。高速快门捕捉到"惊涛拍岸"的瞬间，而稍远处海面的波纹也得到清晰表现

■ 10.3.3 拍摄静美的草原

我国的草原地区中，内蒙古地区的草原面积较大，因其为温带草原，植被的生长季节通常是湿冷冬季和干热夏季之间的短暂时期，因此这段时机也是拍摄的好时机。草原地区多游牧民族，房屋、牛羊等都是可入画的元素。由于草原地势平坦，景色辽阔，可采用高角度俯拍，以纳入较大面积的景色；而低角度拍摄则可表现风吹草低的意境。在镜头的选择上，广角镜头和长焦镜头均宜。在拍摄大面积的草原时，顶光可较好地表现地面景物的色彩。

相机: NEX-5T　镜头: E 18-200mm F3.5-6.3 OSS LE　快门速度: 1/320s　光圈: F16　ISO: 200　焦距: 24mm　白平衡: 自动　曝光补偿: -0.7EV

◀ 左图拍摄者在表现大面积的草原景色时，以前景大片的草地作为重点表现对象，用长焦镜头将远景拉近。在柔和的顶光照射下，草地细节及色彩得到细腻表现

■ 10.3.4 展现田园风情

田园风光是很好的表现对象，其所表现的景物丰富，植物种植规整，井然有序。因此，拍摄时可着重表现大的色块，适当地纳入居住环境会使画面更具情调；而硕果累累的丰收场景也是很好的题材。俯拍可表现大场景的布局结构，仰拍则可使景物更显深远，在表现农作物时则可采用平拍的手法。

◀ 左图拍摄者以镜头的广角焦段结合平拍的视角表现庭院内的景观。中央构图令院中走廊成为画面的重点，突出了庭院崇尚自然且优雅别致的风情，并表现出画面的纵深空间。小光圈令画面中景物的质感得到表现，令画面情境更为逼真，令人向往

相机: α6000　镜头: E 18-200mm F3.5-6.3 OSS LE　快门速度: 1/320s　光圈: F9　ISO: 400　焦距: 18mm　白平衡: 自动　曝光补偿: 0EV

📷 相机：α7　镜头：Sonnar T* FE 35mm F2.8 ZA　快门速度：1/8000s　光圈：F2.8　ISO：200
焦距：35mm　白平衡：自动　曝光补偿：0EV

▼ 下图拍摄者在较远的位置，使用广角焦段拍摄被小径环绕的村庄。画面中，村庄与城堡被小径分为两大块，表现出村庄的井然有序。行驶在村边小道上的观光车为画面增添了活力，并使画面的纵深空间得到增强

▲ 上图拍摄者以平视角度，在前景中纳入大面积水面，通过实景与倒影来表现水乡人的居住环境。纹理清晰的建筑、前景空地栖息的鸟儿，以及有倒影的波纹水面，画面如诗如画。表现出当地人居住环境的朴实、恬淡

📷 相机：α7R　镜头：Vario-Tessar T* FE 24-70mm F4 ZA OSS　快门速度：1/500s　光圈：F11　ISO：400　焦距：31mm　白平衡：自动　曝光补偿：-0.7EV

10.4 体现建筑之魂

建筑在很大程度上体现着同期社会的科技发展水平、人文风尚，以及当地人的生活情况，是文化和科学技术的综合载体。由于地域的不同，建筑的建造风格、形态也各不相同。本节我们将介绍如何利用视角、光线及构图来表现建筑的风貌。

10.4.1 恰当的视角体现建筑之美

在拍摄建筑时，应多观察，找到最能表现建筑外形结构及色彩的角度，突出建筑的人文特征。采用俯瞰的视角表现建筑，可增强画面空间的深远感，交代出建筑所处的环境，适合表现建筑群落的分布。在用俯视角度表现建筑结构或群落布局时，应选择在较高、较远的位置拍摄。使用广角镜头可将较大范围的景物纳入画面，并利用广角镜头所产生的透视变形来达到突出前景建筑的目的，进而表现画面的纵深空间感。

相机：α6000　镜头：E 10-18mm F4 OSS
快门速度：1/640s　光圈：F13　ISO：160
焦距：16mm　白平衡：自动　曝光补偿：0EV

◀ 左图拍摄者站在较高的位置取景，利用广角镜头将较大范围内的景物纳入画面。远景建筑在画面中被急剧缩小，进而表现出画面的空间层次。在小光圈的表现下，即使是远方的建筑，其成像依然清晰

以长焦镜头俯拍建筑群落时，可有效减少体积很大的建筑物在画面中的变形现象，如实再现建筑之间的大小比例。在构图时，拍摄者应将建筑群落看成一个整体。俯拍角度及拍摄距离的不同，会使画面的侧重表现不同。

相机：NEX-5T　镜头：E 55-210mm F4.5-6.3 OSS　快门速度：1/640s　光圈：F16　ISO：160
焦距：120mm　白平衡：自动　曝光补偿：0EV

◀ 左图是拍摄者用长焦镜头拍摄的。长焦镜头善于压缩空间的特性，使得很普通的建筑在画面中很突出。建筑在长焦镜头的表现下变形很小。同时黄色的建筑在蓝天的映衬下更为突出

平拍的视角则使画面更真实，使人有身临其境之感。一般情况下，拍摄者可采用广角镜头来表现建筑的立体感，增强画面的透视效果；并通过光和色的表现来达到突出其材质、纹理的目的。

相机：α7 镜头：Vario-Tessar T* FE 24-70mm F4 ZA OSS 快门速度：1/3000s 光圈：F11 ISO：500 焦距：25mm 白平衡：自动 曝光补偿：0EV

▲ 上图拍摄者利用广角镜头以远景取景，表现出透视效果，使观者视线随前景水池望向远方建筑，表现出画面的空间感。画面中，池水与蓝天的纳入，令画面更为灵动，水中倒景则表现出建筑的神韵

▶ 右图拍摄者在平视的取景角度下，从正面拍摄尖顶建筑，使其建筑特点得到表现。使用超广角镜头在近距离摄入建筑的大部分，突出画面的纵深空间。由于拍摄距离较近，且摄入少量游人，为画面注入了生机与活力

相机：α7 镜头：Vario-Tessar T* FE 24-70mm F4 ZA OSS
快门速度：1/640s
光圈：F5.6
ISO：100 焦距：24mm
白平衡：自动
曝光补偿：0EV

仰拍可表现纵向空间强烈的透视感，使建筑显得更加恢宏雄伟。并且使天空成为画面背景，有效避开地面上的景物，简化画面，使被摄体更为突出，主体明确。

📷 相机：α5000 镜头：Sonnar T* E 24mm F1.8 ZA 快门速度：1/500s 光圈：F8 ISO：100 焦距：24mm 白平衡：自动 曝光补偿：0EV

◀ 在近乎直角的低角度仰拍下，左图檐形建筑显得异常雄伟而突出。积云密布的天空起到渲染画面气氛的作用，表现出建筑的静穆

为表现建筑的高大雄伟，可采用仰拍。仰拍可使高大的建筑更显高耸雄伟，表现出建筑直插云霄的气势。在较为狭窄的空间拍摄时，也可使高大的建筑全部纳入画面，表现出纵向空间强烈的透视感。靠近建筑拍摄可以使建筑物在照片上显得宏伟高大。在拍摄现代化建筑及欧洲古建筑时经常使用此拍摄角度。

📷 相机：α6000 镜头：Vario-Tessar T* E 16-70mm F4 ZA OSS 快门速度：1/320s 光圈：F9 ISO：160 焦距：16mm 白平衡：自动 曝光补偿：-1.0EV

◀ 在较近的距离内，左图拍摄者采用低角度仰拍的视角，表现出古老教堂高耸入云之势。作为背景的天空起到了丰富画面色彩和空间层次的作用

■10.4.2 合理取景表现建筑特色

由于年代的不同，建筑风格的迥异。
在拍摄时可根据表现的侧重点，采
用不同的取景范围。如在拍摄我国
各具特色的民族建筑时，应根据其
特点，有针对性地表现。

▶ 右图拍摄者用广角镜头以低视角表现
福建土楼的弧形结构，突出表现了建筑
富有民族特色的形态。精确的对焦细腻
地表现出建筑的细节

📷 相机：NEX-5T 镜头：E 10-18mm F4 OSS
快门速度：1/320s 光圈：F9 ISO：160
焦距：12mm 白平衡：自动 曝光补偿：0EV

▶ 右图拍摄者用仰视视角在较远处拍摄
古亭。在仰拍的视角下，天空成为画面
的背景，而在傍晚的逆光下，主体的细
节被隐藏在阴影之中。由于使用广角镜
头在较远的位置拍摄，主体的影像较
小，在天空的映衬下更显雄伟，表现出
历史的沧桑感

📷 相机：α7 镜头：E 10-18mm F4 OSS
快门速度：1/400s 光圈：F8 ISO：160
焦距：12mm 白平衡：自动 曝光补偿：0EV

203

对于与环境密不可分的房屋、民居
等，拍摄者可采用全景或中景构
图，适当纳入周围环境，以表现建
筑的特点，为画面营造出独具情调
的意境。

📷 相机：α7 镜头：Sonnar T* FE 35mm F2.8
ZA 快门速度：1/125s 光圈：F9 ISO：200
焦距：35mm 白平衡：自动 曝光补偿：0EV

▶ 右图拍摄者利用广角镜头以全景取
景，平拍建筑，表现出建筑的立体效
果。马路、行人和车辆的增加，交代出
建筑所处的环境，在表现出画面空间感
的同时，使其更富生机

此图拍摄者利用广角镜头俯拍建筑，将大面积天空纳入画面。广角镜头使画面产生强烈的透视变形，并使云的形态更具气势和动感，起到营造画面氛围的作用，表现出建筑的雄伟恢宏之势。由于拍摄者选择在建筑犄角的前方拍摄，使得建筑的立体感增强，仿佛凸出于画面，更富有表现力

相机：α7S 镜头：Sonnar T* E 24mm F1.8 ZA 快门速度：1/9 光圈：F18 ISO：320 焦距：16mm 白平衡：自动 曝光补偿：-0.7EV

■ 10.4.3 体现建筑立体感的手段

在建筑摄影中，光线决定了建筑物线条和影调的表现，从而决定了建筑的立体形态。在白天，主要光源为自然光。一般情况下，前侧光是拍摄建筑物的最佳光线，可表现出建筑的立体感；顺光会使建筑缺乏立体感；逆光会使建筑物的影调过于深沉昏暗，细节无法得到表现。阴天不太适合表现建筑的立体感，会使画面显得平淡而无生气。

📷 相机：α6000 镜头：E PZ 18-105mm F4 G OSS 快门速度：1/500s 光圈：F7.1 ISO：500 焦距：19mm 白平衡：自动 曝光补偿：0EV

◀ 下午太阳的位置较低，此时在低角度的侧光照明下结合斜侧角度的拍摄，会使建筑立体感得到增强

拍摄建筑时，取景角度同样重要。正面拍摄能够表现建筑的整体布局，而斜侧的角度则有利于表现建筑的立体感。

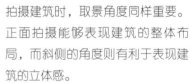

📷 相机：NEX-5T 镜头：E 35mm F1.8 OSS 快门速度：1/320s 光圈：F4 ISO：200 焦距：35mm 白平衡：自动 曝光补偿：0EV

◀ 左图拍摄者站在马路的一侧，表现建筑的斜侧面，使其街道两侧的建筑均得到呈现，并表现出立体感、空间感

10.5 展现树林原始风貌

在山间或原始森林中游玩时，树木和丛林是很常见的。这些树木与城市中的有很大不同，它们未经过人工修剪与栽培，呈现出大自然的原始形态，更能表现自然之美。在拍摄树木时，多采用垂线构图，拍摄者应根据树木的分布情况，采用不同的拍摄手法。例如：拍摄独树时，应重点表现独树的形态。此外，光线选择、拍摄角度、焦距的长短，都应根据树木的形态及拍摄者的创作意图进行细微的调整。要表现树木的高大挺拔，宜采用短焦距、低角度的仰角拍摄；而逆光时，则采用中长焦镜头以小光圈拍摄，可得到光线透射的效果。

相机：α7 镜头：Vario-Tessar T* FE 24-70mm F4 ZA OSS 快门速度：1/500s 光圈：F8 ISO：200 焦距：24mm 白平衡：自动 曝光补偿：0EV

▲ 上图中的胡杨树形态巨大，拍摄者用广角镜头以平拍视角拍摄，并以黄金分割法来安排树干在画面中的位置。由于选用全景取景，表现出树的整体形态。在前侧光下，叶子呈鲜亮的金黄色，令其在画面中更为突出

在拍摄多棵树时，则根据树与树之间的分布情况，采用不同的构图方法来合理布局。例如，在拍摄林间小路两侧的树木时，可利用S形及线性透视法表现树木的排列及空间感；在拍摄山林时，由于其排列不规则，则可采用侧逆光来勾勒树木的轮廓，以表现树木的层次。

相机：NEX-5T 镜头：E 18-200mm F3.5-6.3 OSS 快门速度：1/25s 光圈：F7.1 ISO：200 焦距：24mm 白平衡：自动 曝光补偿：0EV

▶ 右图拍摄者利用林间小道来表现路旁的树林，体现出空间层次。阴天光线柔和，配合逆光使丛林层次得到细腻表现

10.6 在旅途中拍摄的准备工作及注意事项

本节我们将总结一下在旅途中拍摄所需的准备工作及注意事项。

第一，各地区、民族、国家的生活习俗和宗教信仰不同，在拍摄之前，应事先查阅资料或上网搜索所在地的相关民俗及其宜忌，做到心中有数，以免出现不必要的纠纷或麻烦，同时也利于有针对性地表现当地特色。

第二，由于拍摄地点是陌生的，而旅途大多是有时间限制的，因此应事先了解行程路线，预知在何时途经何地，以便提前计划将要拍摄的主题，确保能在有限的时间内完成拍摄。如果需要乘坐飞机出境游，还应了解所乘航空公司对携带物品的相关规定（如相机数量）。

第三，事先查阅相关资料和照片，对将要拍摄的主题进行深入了解，以获知拍摄主题的大背景（如主体结构、相关民间传说）及其周边建筑，以准备器材、表现主题并选取有利的拍摄地形。

第四，了解拍摄地的天气状况，使拍摄有备无患。

最后，拍摄者应具备观察能力，能够发现所拍风景的独特之处，并且拍摄时可随机应变，不失时机地捕捉到富有情趣意境的画面。

📷 相机：α7R　镜头：Vario-Tessar T* FE 24-70mm F4 ZA OSS　快门速度：1/320s　光圈：F11　ISO：200　焦距：24mm　白平衡：自动　曝光补偿：0EV

▲ 上图为俯瞰下的福建土楼。在拍摄之前，拍摄者事先通过网络及书籍，查阅了大量关于福建土楼的资料，研究了相关的拍摄方案，这样在到达拍摄地点后，就可找到有利的拍摄位置，使拍摄事半功倍，确保拍摄成功

注意：
1. 在旅途中拍摄风光时，建议将测光模式设为"多重"，这样既能够保证画面合理曝光，提高短时间内的拍摄成功率，又可如实表现当地风貌。
2. 明亮的光线可使景物色彩明艳，突出当地风光特色，因此拍摄者最好选择在晴天出行。

拍摄人像
与人文
纪实

Chapter 11

人像摄影在摄影门类中是最具实用价值的，应用也最
为广泛。本章我们将对人像摄影与人文纪实的拍摄方
法进行讲解。此图是以35mm焦距镜头斜持相机拍摄
的，视角非常独特。在大光圈的作用下，远景建筑变
虚，拍摄者对人物眼部对焦，与模特视线远方的虚
景形成对应，使画面构图完整。画面中，模特的正
身侧面姿势，结合伸出的手臂，表现出人物玲珑的
曲线美。

机型：NEX-6　镜头：E 35mm F1.8 OSS　快门速度：1/125秒　光圈：F1.8
感光度：100　焦距：35mm　白平衡：自动　曝光补偿：0EV

11.1 人像摄影的基本表现形式

人像摄影中最重要的就是表现人物面貌，包括外在容貌和精神面貌。人像摄影的基本表现形式即取景范围分为四种：特写、半身、七分身及全身。随着取景范围的不同，画面所表现的内容、构图及主题表现也不同。

■ 11.1.1 特写人像以形传神

在人像摄影中，特写人像的取景范围最小，画面中背景所占的比例也最小，主要以人物的某一局部为表现对象，通过局部特点来反映人物的整体或突出某一特征。既可以是面部特写，也可以是对手部或者腿部的特写。拍摄人物面部特写时，多采用竖幅构图，其取景范围有两种：一种取景为从头至肩；另一种取景为人物的五官。主要表现人物的内心世界，呈现人物由内散发出的神态和气质。头部特写根据人物转侧的不同，分为正面、侧面、七分面和三分面人像。下面分述其表现方式及特点。

正面人像

正面人像即表现人物正面，多用于证件照的拍摄。拍摄时应使人物直面镜头，将其正面容貌表露无余。此种表现形式较为呆板，适合表现五官端正的被摄者。而对于大多数人来讲，容易表现出被摄者的面部缺陷。为避免正面人像显得呆板，可利用前侧光、侧逆光等来表现人物面部的立体感；并通过对人物神态的表现等来活跃画面气氛。

相机：α7S　镜头：FE 70-200mm F4 G OSS　快门速度：1/3200s　光圈：F4　ISO：200　焦距：200mm　白平衡：自动　曝光补偿：0EV

▲ 上图为正面人像特写，取景自人物头肩，重点表现小女孩的容貌。正面的女孩和仅有背影的父亲在画面中形成正反对比，表现出趣味性和人物之间的内在联系。长焦焦段配合大光圈，将背景中的街道和来往的行人虚化，使主体在画面中突出

侧面人像

侧面人像主要表现人物的侧面，强调其面部侧面轮廓，适宜表现侧面轮廓优美的被摄者，而大多数人并不适合。在拍摄侧面人像时，应使其轮廓较好的一面面对相机。

📷 相机：α600　镜头：Vario-Tessar T* E 16-70mm F4 ZA OSS　快门速度：1/60s　光圈：F4　ISO：800　焦距：60mm　白平衡：自动　曝光补偿：0EV

▲ 上图，采用侧面拍摄窗前母女。在窗光的照明下，令相对而视的人物的侧面轮廓得到突出，表现出浓浓的亲情

七分面人像

七分面人像摄影中，人物面部较正面角度稍有转侧，比正面人像富于变化，能够较好地表现人物面部的立体感，是一种常用的表现形式。其远离相机一侧的面部轮廓线条明显，应表现其轮廓较为优美的一面。七分面人像不适宜表现颧骨过高的被摄者，以免颧骨更为突出。

📷 相机：α5000　镜头：E 18-200mm F3.5-6.3 OSS LES　快门速度：1/50s　光圈：F4　ISO：400
焦距：40mm　白平衡：自动　曝光补偿：0EV

▲ 上图为七分面人像，七分面取景可使人物脸部变窄，是一种可以修饰脸形的表现手法。拍摄者利用黄金分割构图，将人物眼部安排于黄金分割点附近，令其突显。采用手动对焦，使相机透过玻璃准确对焦于人物，令画面更富情调

三分面人像

三分面人像较七分面人像转侧角度更大，人像更加立体，鼻梁的高低更加明显。与七分面人像相似，能够修饰人物脸形，不适合表现颧骨过高的人物。

📷 相机：NEX-5T 镜头：E 55-210mm F4.5-6.3 OSS 快门速度：1/1600s
光圈：F8 ISO：400 焦距：135mm 白平衡：自动 曝光补偿：+0.3EV

▶ 右图为三分面人像特写，相比七分面人像，人物面部的立体感更强，鼻梁的轮廓更为突出，接近于侧面人像。拍摄者在近距离以平视角度拍摄，使模特五官得到如实再现

> 注意：
> 1. 应避免采用三分面构图拍摄鼻型线条不美的被摄者。
> 2. 应注意被摄者脖颈线条的表现要自然。

局部特写

除了人物面部特写外，拍摄者还可通过对被摄者局部的特写来放大其局部特征，表现主题，这是一种以小见大的表现手法。

📷 相机：α5000 镜头：E PZ 18-200 F3.5-6.4 OSS 快门速度：1/2500s
光圈：F6.4 ISO：500 焦距：200mm 白平衡：自动 曝光补偿：0EV

◀ 左图拍摄者利用长焦镜头，通过对行人赤脚行走于积水地面的特写，以此突出当地人的生活习俗。高速快门的设置，令其动作得到定格，画面更富动感

■ 11.1.2 半身人像更易体现人物性格

半身人像的取景范围自人物头部至腰胯部。人物的身材、动作变得更重要，不再局限于五官的表现，背景在画面中所占的比例相对更大。在拍摄时要注意人物与背景的协调，拍摄者在构图上可利用主体人物头颈肩及手臂的动作来丰富画面表现，使被摄者更具美感。

📷 相机：NEX-5T 镜头：Vario-Tessar T* E 16-70mm F4 ZA OSS
快门速度：1/160s 光圈：F4 ISO：100 焦距：17mm 白平衡：自动
曝光补偿：0EV

▶ 右图的取景范围为人物头部至腰胯部的大半身人像，重点表现了模特的侧面曲线。平视角度下，人物侧面的姿态使模特身材的曲线美得到表现

▶ 右图为拍摄者以广角镜头取景从人物头部至腰部的小半身人像。在此种人像景别中，人物的面部神态依然是主要表现对象。拍摄者采取近摄且以稍俯视的机位拍摄，使模特容貌表情得到突出，画面产生透视效果，令模特的眼睛更大，下颌更尖

📷 相机：α6000　镜头：Vario-Tessar T* E 16-70mm F4 ZA OSS　快门速度：1/100s　光圈：F4.5　ISO：100　焦距：26mm　白平衡：自动　曝光补偿：0EV

▼ 下图为拍摄者以长焦镜头取景人物头部至腰部以上的小半身人像。此图拍摄者将人物安排在画面左面，清晨低角度的侧逆阳光，使画面形成橙黄色调，呈现出柔美而朦胧的画面意境

📷 相机：α6000　镜头：FE 70-200mm F4 G OSS　快门速度：1/640s　光圈：F4　ISO：100　焦距：135mm　白平衡：自动　曝光补偿：0EV

■ 11.1.3 七分身人像体现人物身材

七分身人像的取景范围介于半身人像与全身人像之间，取景自人物头部至膝盖上下。既可表现人物的身体形态，又能使人物在画面中更为突出。

在此景别中，人物身材、容貌、动作及所处环境都会得到更为具体的表现，使画面信息更丰富，利于全面地表现人物个性。背景的作用变得更大，起着烘托画面气氛、揭示人物心理的作用。另外，拍摄者可充分利用人物肢体动作来丰富画面构图。

📷 相机：NEX-5T 镜头：E PZ 18-105mm F4 G OSS 快门速度：1/320s
光圈：F5.6 ISO：100 焦距：18mm 白平衡：自动 曝光补偿：0EV

◀ 左图为拍摄者取景自人物膝盖以下的七分身人像。拍摄者采用广角镜头低角度仰拍，使模特身材得到更加突出的表现。斜侧的角度使其身材立体而苗条。模特的动作突出其优雅、柔美的气质

将主体安排于画面的交汇处，令其得到突出表现

214

📷 相机：α7 镜头：Vario-Tessar T* FE 24-70mm F4 ZA OSS 快门速度：1/320s 光圈：F4
ISO：640 焦距：24mm 白平衡：自动
曝光补偿：0EV

▶ 右图七分身人像取景自人物膝盖以上。由于拍摄位置较远，在广角镜头的表现下，人像在画面中显得很小，以而增加了背景在画面中的比重。拍摄者利用镜头的透视效果来表现建筑的纵深空间，以增强画面的视觉表现力

■ 11.1.4 全身人像注重情景交融

全身人像即将人物全身纳入画面，展示其体形和动态。在构图时，多利用人物的动作，形成S形、A字形、C形等体态，结合三分法、黄金分割和斜线等构图手法来安排人物在画面中的位置。机位则多采用平视或稍仰的视角，使人像更显自然真实。在全身人像的画面中，背景所占的比例更大，起到表现画面空间、烘托画面气氛的作用，因而背景不能过于杂乱，以免喧宾夺主。

📷 相机：α7　镜头：Vario-Tessar T* FE 24-70mm F4 ZA OSS
快门速度：1/160s　光圈：F11　ISO：250　焦距：50mm　白平衡：自动
曝光补偿：0EV

▶ 右图拍摄者采用低机位以仰角拍摄全身人像，使其身材产生透视变化，令模特更显修长优美。在暗色背景的衬托下，模特身材更加突出。在站姿上，模特利用颈、腰、胯及膝关节的扭转，形成突出身材曲线的S形

手臂动作丰富画面构图 ——

摆姿形成S形曲线 ——

将身体重心放至右腿，左腿弯曲向前伸，避免了站姿的呆板 ——

脚尖踮起，在视觉上增加了腿部的长度 ——

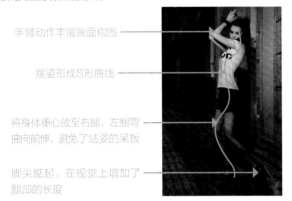

📷 相机：α7　镜头：FE 70-200mm F4 G OSS　快门速度：1/640s　光圈：F4　ISO：2000　焦距：135mm
白平衡：自动　曝光补偿：0EV

▲ 上图拍摄者将模特安排在右侧三分线上，利用大树的形态，使画面形成框式构图，令人像更为突出。模特正面站立，并拢的双腿使其显得较为苗条，并以此表现模特文静、内向的性格特征。红色的短裙，令主体突出于绿色背景中

注意：
拍摄全身人像时，应注意以下事项：
1. 环境因素：在表现全身人像时，纳入的背景比例过大，进而会影响到整幅照片的色调、氛围表现。因而，我们应结合被摄者的特点及拍摄需要有选择性地安排背景。
2. 被摄者的姿态：因为被摄者的全身均摄入画面，所以应根据人物的性格、身材特点，充分利用构图法设计好自然的摆姿，避免人像呆板。

11.2 表现人像的不同姿态

在人像摄影中，人物的姿态表现至关重要，可起到表现人物性格、揭示人物内心、完善画面构图、决定画面节奏及基调的作用。常见的有以下几种基本姿态：站姿、坐姿、躺姿，以及动态姿势。由于姿态不同，构图及相机拍摄的设置各有不同，下面我们就来了解一下不同姿态的表现手法。

■ 11.2.1 站姿注重人像姿态

站姿应避免呆板。拍摄时首先应使被摄者保持身体平衡，这样拍摄出来的照片才不会显得呆板、别扭。因此，被摄者脚部姿态要舒适，这样摆姿才能更为自然；其次，可利用被摄者的头、颈、肩、腰以及胯的转侧等使形态更优美、活泼、自然，以免画面呆板；最后，被摄者应将身体重心放于一条腿上，另一条腿则可随意地放于身前或身后。

📷 相机：α7　镜头：Sonnar T* FE 55mm F1.8 ZA　快门速度：1/200s　光圈：F4　ISO：200　焦距：55mm　白平衡：自动　曝光补偿：0EV

▲ 上图，模特以斜侧角度站立，令其身材曲线尽显。支撑的左臂起到平衡画面构图的作用。而球杆、台球则作为符号，交待出人物职业，并起到活跃画面的作用

手臂动作起到平衡画面构图的作用

📷 相机：α6000　镜头：Vario-Tessar T* E 16-70mm F4 ZA OSS　快门速度：1/100s　光圈：F5　ISO：100　焦距：22mm　白平衡：自动　曝光补偿：0EV

▲ 上图拍摄者从侧面拍摄站姿人像。人物后仰且转侧的头部与身材形成C形构图，表现出人物的青春活力。动漫女仆的装扮突出女孩的清纯和可爱

道具起到丰富画面构图的作用

■11.2.2 坐姿表现静态人像

坐姿也是较为普遍的拍摄姿势，相对于站姿来说，其动作幅度较小。一般来讲，侧坐可较好地表现出被摄者的身材曲线，适宜采用L形构图来拍摄；正坐时，要处理好四肢的摆放位置，否则画面会显得呆板；在表现坐姿时，被摄者的腰部应挺直，以使精神气质得到较好表现，否则会显得萎靡；另外，被摄者切忌实坐，应虚坐在边沿，以免大腿处变形，显得粗壮难看。

相机：α7　镜头：Sonnar T* FE 55mm F1.8 ZA　快门速度：1/200s　光圈：F4　ISO：200　焦距：55mm　白平衡：自动　曝光补偿：0EV

▶ 右图模特侧坐于沙发中，令其身材曲线尽显，腿部未因坐姿而变形。模特的上身挺拔且头部微俯，手部动作自然，表现出沉思的形态。在构图时，安排模特占满整个画面，令构图饱满

侧光表现出人像的立体感

217

相机：α7R　镜头：Vario-Tessar T* FE 24-70mm F4 ZA OSS　快门速度：1/320s　光圈：F4　ISO：100　焦距：24mm　白平衡：自动　曝光补偿：0EV

▶ 右图，拍摄者利用室内环境，配合模特轻松自然的动作，营造出清新而宁静的画面氛围

■ 11.2.3 躺姿展现人物性感之美

躺姿更为轻松随意，擅于表现女性的性感娇娆。躺姿的背景一般为草地、床、沙发等，背景简洁，更容易使主体突出；躺姿宜采用斜线构图，使画面富于变化，并利于表现空间感。在用光方面，多采用软光，以营造轻松舒缓的氛围。躺姿一般多采用俯视和平视的视角进行拍摄，拍摄时根据营造人物的实际姿态选择相应视角。综上所述，拍摄者可充分发挥创意，表现出不一样的视觉效果。

相机：α7　镜头：Vario-Tessar T* FE 24-70mm F4 ZA OSS　快门速度：1/40s　光圈：F7.1　ISO：800　焦距：55mm　白平衡：自动　曝光补偿：0EV

◀ 左图拍摄者以平拍视角拍摄躺姿人像。纱帐和棉被形成L形构图，令模特的容貌得到突出。模特甜美的笑容，配合明亮的曝光，表现出人物的清纯气质

由于透视的作用，画面中人物、球杆显得特别明显，与桌球和球桌形成点、线、面，画面元素丰富

相机：α7　镜头：Vario-Tessar T* FE 24-70mm F4 ZA OSS　快门速度：1/250s　光圈：F4　ISO：100　焦距：24mm　白平衡：自动　曝光补偿：0EV

▲ 上图拍摄者以平视稍俯的角度拍摄躺姿模特，使其身材产生剧烈的透视变形，将其身体全部纳入画面，表现出画面的纵深空间感。模特散落的卷发，表现出人物妖娆、奔放的个性

■11.2.4 捕捉人物动态

动态人像表现的是运动中的被摄体，可给人生动、自然之美。在拍摄动态人像时，可选择快门优先模式，根据主体运动的速度来设定曝光时间；主体运动程度不同，相机的设置组合也就不同。对于运动速度缓慢的被摄者来说，使用单拍即可，拍摄时可通过设定较大的光圈、较高感光度来保证高速快门的实施；对焦模式则可选择AF-C单次自动对焦模式。

📷 相机：α 7S 镜头：Sonnar T* FE 35mm F2.8 ZA LE 快门速度：1/400s 光圈：F2.8 ISO：1000 焦距：35mm 白平衡：自动 曝光补偿：0EV

▶ 拍摄右图时，拍摄者事先设置照相模式为快门优先，并将感光度设为自动，以保证高速快门的实施。对焦采用AF-S单次自动，快速抓拍。画面中主体人物动作很大，与右侧人物形成对比，画面动感十足

在表现运动速度较快、动作较为激烈的被摄体时，释放模式可采用"单张拍摄"抓拍或"速度优先连拍的模式"进行连拍，以便于得到构图较好的照片；自动对焦模式则应选择"AF-C连续自动对焦"或"对焦跟踪"追踪拍摄，对焦模式则应设置为"多重"，以使对焦更为迅速、准确，得到清晰的主体影像。

注意：
1. 不宜在昏暗的环境中拍摄动态人像，以免画面中的主体不清晰。
2. 在拍摄高速动态人像时，应使用存储速度高的高速存储卡，以免图像存储速度影响相机反应速度，导致画面的清晰度变差。

📷 相机：NEX-6 镜头：E 18-200mm F3.5-6.3 OSS LE 快门速度：1/60s 光圈：F5.6 ISO：1000 焦距：144mm 白平衡：自动 曝光补偿：0EV

▲ 上面这组照片是采用"速度优先连拍"拍摄的。因为拍摄京剧表演时，拍摄距离基本不会发生较大改变。对焦则采用"AF-C连续自动对焦"中的"多重"对焦模式，相机中的25个自动对焦点能够快速对焦，有利于捕捉到主体清晰的影像

▲ 此图拍摄者采用单拍结合"AF-C连续自动对焦"中的"多重"对焦模式拍摄。在拍摄前，将镜头焦距调至24mm，设置快门和大光圈。当人群跃起向上抛气球的瞬间按下快门按钮完成拍摄。画面主体突出，1/80秒的快门速度令动态影像稍显模糊，以突出动感

📷 相机：α7　镜头：Vario-Tessar T* FE 24-70mm F4 ZA OSS　快门速度：1/80s　光圈：F4　ISO：2000　焦距：24mm　白平衡：自动　曝光补偿：0EV

11.3 视角对人像的影响

在本书第二章的构图基本知识中，我们知道了机位和拍摄角度对成像的影响，其在人像摄影中也有着显著作用，不同的视角安排会使同一人物得到不同表现。本节我们将讲解不同机位与拍摄角度对人像画面的影响，以便拍摄者在以后的拍摄实践中合理地选择视角。

11.3.1 不同机位下人像的表现

在拍摄人像时，一般来说，拍摄距离越近，透视效果越为明显。相机的高低位置不同，透视效果也会使影像产生细微的变形，从而导致人物容貌失真，使其形体产生高、矮、胖、瘦的微妙变化。拍摄时我们可适当地借助这些透视效果来美化被摄者，扬长避短。

注意:
1. 俯拍能够压缩空间，使人物形成上大下小的夸张效果，使人物的身高缩短，不利于表现人物的身材。
2. 俯拍可使背景变得更为单一，从而达到简洁画面的作用
3. 俯拍可使人物的脸部更突出，眼睛变大，形成上宽下窄的瓜子脸，可修饰双下巴、圆脸、长方脸的脸形
4. 当被摄者过胖，肩膀过宽时，不适合使用俯拍角度，否则会使被摄者的缺点更为突出

俯拍角度使模特的身材产生夸张变形，表现出画面的空间感

📷 相机: α7 镜头: Vano-Tessar T* FE 24-70mm F4 ZA OSS 快门速度: 1/80s 光圈: F4 ISO: 1600 焦距: 24mm 白平衡: 自动 曝光补偿: 0EV

▶ 右图拍摄者高位俯拍楼梯上的模特。在广角镜头的表现下，距离镜头最近的头部在画面中产生了较大的透视变形，形成头重脚轻之势，令其容貌得到突出表现。并且，配合飞扬的裙摆，突出了人物的轻盈多姿

在大多数情况下，拍摄人像时宜采用略低的机位，使其身材在透视的作用下适当变长更显优美；令远离相机的人物头部变小一些，从而起到了修饰人像的效果。机位的安排根据人像景别而有所不同：拍摄七分身人像时，机位与人物的腰部水平为宜，拍摄半身人像时，机位与人物的胸部水平为宜。在仰视视角下，会产生上窄下宽的变形效果，如果被摄者的下颌或胯、臀部较宽，则不宜采用此种机位。

相机：α7R　镜头：Vario-Tessar T* FE 24-70mm F4 ZA OSS
快门速度：1/1600s　光圈：F8　ISO：200　焦距：24mm　白平衡：自动
曝光补偿：0EV

◀ 为了表现人物修长的身材，左图拍摄者近距离以最低角度仰角拍摄，使模特腿部更显修长，起到了修饰人物身材的作用

222

在拍摄人像时，平视角度是最为常用的拍摄角度，可真实表现人物的容貌，画面给人亲切、自然、逼真之感，如日常的生活照。但是，此角度也易使画面流于平淡，在拍摄时可借助人物的姿势、构图、用光和色彩等手段来增加画面的表现力。

在拍摄儿童时，因其活泼好动，不能够有耐心地保持一个动作等待拍摄，这时，可将"人脸检测"功能设置为"开"，使相机在检测到人脸后自动对焦，以便快速完成拍摄

▶ 以平视角度表现儿童是很好的手法。由于儿童矮小，如果以拍摄者的高度来拍摄，会使其影像产生较大变形。在拍摄右图时，拍摄者将机位安排在与宝宝视线水平的位置，真实再现了其容貌和神态

相机：NEX-5T　镜头：E 50mm F1.8 OSS　快门速度：1/200s　光圈：F2
ISO：200　焦距：50mm　白平衡：自动　曝光补偿：0EV

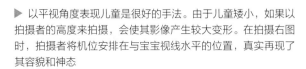

■ 11.3.2　不同拍摄角度下人像的表现

人是立体的，而照片却是二维平面的，因此要想在二维平面的照片中表现出人像的立体感，就需要通过人物的转侧和透视知识来表现。通常，正面拍摄人像能够使其身体的结构及容貌得到表现，使观者与被摄者面对面，产生直观的交流，但是这也容易造成咄咄逼人的压迫感，同时易使画面呆板，不利于其立体形态的表现。

📷 相机：α7　镜头：Sonnar T* FE 35mm F2.8 ZA　快门速度：1/320s　光圈：F2.8　ISO：100　焦距：35mm　白平衡：自动　曝光补偿：0EV

▲ 上图拍摄者从正面拍摄使人物五官容貌得到表现，其专注于台球的眼神显示出人物当前的状态。虽然为平拍机位，但因模特为俯角姿态，避免了正面人像易产生的呆板

人物的背影画面与正面正好相反，主体容貌已降于次要地位。拍摄者通过表现人物背影，使观者跟随画面人物的视线方向来表现超出画外的内容，使画面空间更为深远，以有限寓意无限，能够充分发挥观者的想象空间，使其更具内涵。

📷 相机：α6000　镜头：E 35mm F1.8 OSS　快门速度：1/800s　光圈：F4　ISO：400　焦距：100mm　白平衡：自动　曝光补偿：0EV

◀ 左图，拍摄者以长焦镜头抓拍情侣拍摄合影的背影，引导观者视线至其手部，令画面更具情节性。对于新人来讲，拍摄背影是很具象征意义的表现手法，能够表现出新人对未来美好生活的向往侧面人像摆脱了正面人像所具的压迫感，使观者以旁观者的视角来审视、欣赏画面；被摄者也比正面人像中的人物更显苗条，因而如果希望人像显得较瘦，可采用侧面拍摄的方法。侧面人像更能够表现人物的身材曲线，尤其适合表现女性优美而窈窕的身姿。不适合表现腰腹部臃肿的被摄者。

相机：α7 镜头：Vario-Tessar T* FE 24-70mm F4 ZA OSS 快门速度：1/160s 光圈：F2.5 ISO：1600 焦距：24mm 白平衡：自动 曝光补偿：0EV

◀ 左图模特侧身而坐，侧面身材曲线得到表现。拍摄者采用正面拍摄，形成对称构图。配合柔和的逆光，表现出形式的美感

前侧或者后侧的人像更具立体感，更为自然、活泼，是最为常见的拍摄角度。此外我们还可通过人物的转侧来修饰人像，使其在画面中更显瘦。

相机：α7R 镜头：FE 70-200mm F4 G OSS 快门速度：1/30s 光圈：F4 ISO：1000 焦距：85mm 白平衡：自动 曝光补偿：0EV

▲ 上图是以前侧角度拍摄的，人物正侧均得到表现，使人像更具立体感。拍摄者采用点测光，以前景人脸为测光基准，使人物面部细节得到较好表现。纵向的矮墙使画面的纵深空间感得到突出

11.4 用光是人像摄影的灵魂

在拍摄人像时，用光是很关键的，决定着人物的立体呈现和画面意境的表现。拍摄环境的不同，光线的表现不同，人像效果也不同。下面根据户外、室内及夜景光线的特点，讲解如何利用光线来表现人像。

■ 11.4.1 户外人像注重自然光线的把握

户外人像摄影光源主要为太阳光，其照射面积大，光照较为均匀，能够较好地表现主体的皮肤质感、色彩及立体感。光线的照射方向根据太阳的移动而移动，因此把握好拍摄时段就显得很重要。早晨空气清新，傍晚时光线呈低角度斜射，且低色温光线形成暖调，光照柔和，是很好的拍摄时机。

在侧逆光下，人物的身体轮廓得到突出表现 →

反光板

▶ 右图中，清晨的光线形成柔和的光照，侧逆光的利用，突出了人物轮廓。在相机前方安排金色反光板为人像补光，令其容貌及服装细节得到突出表现。在日光白平衡设置下，画面呈现清新暖调，配合人物动作，表现被摄者对美好生活的向往

相机：NEX-5T　镜头：E PZ 18-200 F3.5-6.4 OSS　快门速度：1/800s
光圈：F2　ISO：100　焦距：68mm　白平衡：自动　曝光补偿：0EV

相机：α6000　镜头：E PZ 18-200mm F3.5-6.3 OSS　快门速度：1/640s　光圈：F2.8　ISO：400　焦距：100mm　白平衡：自动　曝光补偿：0EV

▶ 右图拍摄于清晨，光照柔和，在大光圈浅景深的表现下，树林的空间层次不会显得杂乱。拍摄者利用长焦镜头对焦于侧坐模特，表现出人物的悠闲自在

在户外拍摄人像时，应以上午、下午为宜，此时光质相对柔和，光线形成斜射，利于表现人物质感及立体感。一般应选择晴朗而有云的天气，此时光线形成漫反射，光照柔、均匀且具方向性，既可使人像得到细腻的表现，亦可使其立体感及画面层次得到表现；如果在阴天拍摄，光线方向不明显，明暗对比表现不佳，会使画面显灰，不易表现人物的立体感及画面层次。此时可借助反光板或闪光灯为人像补光，人为加大光比。

外
灯

阳光形成
侧逆照明

▶ 右图为正面斜线构图。画面中，虚化的前后景形成大块柔化的绿斑，奠定了画面的淡绿基调。如图所示的两个光源勾勒出模特的身形轮廓，令其面部、五官及服装质感均得到突出表现。人物动作突出其优雅、柔美的气质

📷 相机：α5000　镜头：E PZ 18-105mm F4 G OSS　快门速度：1/640s　光圈：F4　ISO：100　焦距：55mm　白平衡：自动　曝光补偿：0EV

晴天时应避免在中午拍摄，此时光线照射强烈，明暗对比大，光质硬，使人物面部产生浓重的阴影，不利于人像的表现。此时拍摄者可利用反光板为暗部补光，或将被摄者安排于屋檐、树荫下等可避免阳光直射的地方。另外，还可调整利用人物的姿态来改变光线的照射角度，以免人像形成上明下暗的影调。

📷 相机：NEX-5T　镜头：E PZ 18-200mm F3.5-6.3 OSS　快门速度：1/800s　光圈：F5.6　ISO：640　焦距：135mm　白平衡：自动　曝光补偿：+0.3EV

▲ 上图拍摄于上午11点左右，为避免高位的阳光令模特面部形成较为浓重的阴影，拍摄者选择在树荫下拍摄，较好地表现出人像的肤色。虚化的绿色树林成为画面的背景，使主体更加突出

226

■11.4.2 室内人像用光是重点

室内人像光源与户外人像光源不同，其主要利用人工布光，用光更为自由方便，除此之外还可利用窗光来表现自然光效果的室内人像。窗光相对于户外光线更加柔和，如果窗外光线较为强烈，还可利用较为薄透的窗帘来降低光线的照射强度，得到朦胧且具美感的画面效果。

📷 相机：α6000 镜头：E 18-55mm F3.5-5.6 OSS 快门速度：1/250s
光圈：F4 ISO：100 焦距：21mm 白平衡：自动 曝光补偿：0EV

▶ 右图拍摄者采用窗光对模特正面照明，并在模特后方放置一大面积的银色反光板，形成柔和的夹光照明，表现出人像立体感的同时，得到柔美的画面效果

由于室内光线一般较暗，在拍摄时，可充分利用人工光照明。拍摄者可视拍摄需要安排主光和辅光，主光负责主要照明，光照较强；辅光的亮度应小于主光，安排在与主光相对的方向，以对主光所形成的投影进行补光。主光与辅光的摆放应具一定角度，通常在45°～180°之间，并可根据主体的位置以上下、左右、前后来安排主辅灯的位置。

📷 相机：α7 镜头：Sonnar T* FE 55mm F1.8 ZA 快门速度：1/400s
光圈：F8 ISO：200 焦距：55mm 白平衡：自动 曝光补偿：0EV

▶ 右图中主灯为高位侧光，使人物的面部、右侧面得到充分照明。而人像未受光的一面则产生浓重的阴影，表现出立体感

在室内拍摄人像时，可使用多个光位来布光。其中，主光的位置安排非常重要，其决定着人像明暗立体感的表现，以及照片的整体表现。此外，还可利用高位光源来表现头发的层次；在地面安排底光照明，可消除因高位照明在人物下颌所产生的投影。

📷 相机：α7 镜头：Vario-Tessar T* FE 24-70mm F4 ZA OSS 快门速度：1/60s 光圈：F4 ISO：1600 焦距：24mm 白平衡：自动 曝光补偿：0EV

◀ 左图拍摄者采用多个光源照明。首先，室内有均匀的顶灯照明；其次，利用窗光形成柔和的轮廓光；最后，利用反光板低角度为人像补光。通过以上操作，被摄者得到了柔和而均匀的照明，成像效果自然

📷 相机：α6000 镜头：Vario-Tessar T* E 16-70mm F4 ZA OSS 快门速度：1/100s 光圈：F4.5 ISO：100 焦距：26mm 白平衡：自动 曝光补偿：0EV

还可利用现场环境中的灯光制造眼神光，使其影像映照于被摄者眼内，使眼睛提亮更具神采。

▶ 右图拍摄者在拍摄模特时，采用大面积的柔光照明，光线明亮。并在其右侧前方安排一个柔光箱，以形成柔和的侧光照明，并在模特眼内形成眼神光，使人像更加有神

11.5 人文纪实

所谓人文摄影，是指利用相机真实记录现实生活中人们的生活状态，表现在不同社会、地区环境中人们的精神面貌，是社会生活的缩影。人文纪实具有地域性、民族性和历史性，主要反映特定地区人们的生存状态、精神面貌及风土人情。人文摄影题材广泛，对于初学者来讲，身边的小事、亲朋好友的婚礼以及旅途中的风土人情，均可纳入镜头。

11.5.1 拍摄纪实人像的要求

纪实人像是人文摄影的重要组成部分。人是画面传达思想的媒介，拍摄者通过对人物精神面貌及生活状态的表现，可传达真实的思想，反映社会现象。纪实人像要求真实，多采用抓拍，这就需要摄影师能够掌握相机的性能，自如运用自然光，并熟悉拍摄环境，通过细致观察，能够快速机动地捕捉到转瞬即逝的画面。人文摄影属于纪实摄影，其虽以人像为主，但是照片应表现出超出画外的思想内容。拍摄者除了要掌握抓拍的能力，还需要具备深刻的观察能力，对观察到的现象进行提炼、概括，透过现象看本质，挖掘出其深意。

📷 相机：α5000　镜头：E 35mm F1.8 OSS
快门速度：1/50s　光圈：F2.8　ISO：800
焦距：35mm　白平衡：自动　曝光补偿：0EV

▶ 右图是在国外拍摄的夜晚街边。无家可归的人将银行自动取款机的小屋作为临时的休息地

纪实人像基本上是在对象的自然状态下抓拍的，因而拍摄者在拍摄前应事先打好腹稿，针对特定的拍摄环境，选择能反映当地人文面貌的主题，并以此寻找拍摄题材和被摄者。拍摄者应对当地的风土人情做深入了解，尊重当地的风俗，与当地群众和谐共处。

📷 相机：α6000　镜头：Vario-Tessar T* E 16-70mm F4 ZA OSS　快门速度：1/40s　光圈：F4
ISO：320　焦距：16mm　白平衡：自动
曝光补偿：-0.7EV

▶ 在拍摄右图时，拍摄者事先与被摄者进行沟通，在征得其同意后，得到此幅作品。画面中，女店主从容自然的动作、神态，以及其身后的陈设，交待出人物的身份和生活现状

■ 11.5.2　选择合适的镜头

相机：α7　镜头：Sonnar T* FE 35mm F2.8 ZA　快门速度：1/250s　光圈：F8　ISO：200　焦距：35mm
白平衡：自动　曝光补偿：0EV

▲ 上图拍摄者以35mm镜头拍摄，广角镜的特性表现出近大远小的画面空间感。街道两旁的民居，以及临街休息的居民，突出当地居民慢节奏的生活

相机：α5000　镜头：E PZ 18-200 F3.5-6.4 OSS
快门速度：1/2500s　光圈：F6.4　ISO：500
焦距：18mm　白平衡：自动　曝光补偿：0EV

相机：α5000　镜头：E PZ 18-200 F3.5-6.4 OSS
快门速度：1/2500s　光圈：F6.4　ISO：500
焦距：200mm　白平衡：自动　曝光补偿：0EV

▲ 上面这组图是采用变焦镜头拍摄的，在进行街拍时，可表现的空间大，利用变焦镜头可远摄也可近观，能够随时捕捉到精彩画面

拍摄人文纪实题材时，镜头的选择是关键。下面我们就来介绍适合拍摄人文摄影题材的镜头。

35mm镜头是人文摄影利器

35mm的镜头被公认为人文纪实镜头。首先，该镜头轻便易携，适合手持抓拍；其次，其广角镜头的特性，使其能纳入较大范围，适合表现较大的场景，使画面产生较为强烈的透视效果，从而使主体突出，凸显主题；最后，其接近于标准镜头的拍摄效果，尤其在搭载APS-C画幅的NEX微单相机时，可呈现标准镜头的视角，能够表现真实的画面效果，极具临场感。

变焦镜头令拍摄更机动

除35mm焦距镜头外，变焦镜头亦是很好的选择。纪实摄影基本上都是临时抓拍，临时更换镜头不现实，因此使用可调焦距的变焦镜头是很方便的。

长焦镜头有利于远距离拍摄

长焦镜头也可用于拍摄人文纪实题材。纪实摄影在很多情况下都是抓拍或偷拍的，这样拍摄的画面更自然、真实。因此长焦镜头就派上了用场，其可在不打扰被摄者的情况下完成拍摄。

相机：α6000　镜头：E 55-210mm F4.5-6.3
OSS　快门速度：1/250s　光圈：F8　ISO：320
焦距：100mm　白平衡：自动　曝光补偿：-0.7EV

◀ 左图是采用长焦镜头拍摄的。岸边一对情侣正在交谈。由于拍摄位置较远，只有使用长焦镜头才能在不打扰被摄者的情况下完成拍摄

■ 11.5.3 在旅途中拍摄街景表现民风民俗

在旅途中，街景是很容易拍摄到的题材。街景的拍摄能够综合体现当地的建筑、风俗和地域特征。各个地域的风土人情都有其独特之处，我们可从当地人的服饰、街道的布局和建筑的形式等方面，来表现街景风情。街景取材于现实，抓拍是重要的手段。我们可利用人物的精神状态、交通工具等来活跃画面氛围，以展示当地风貌。

📷 相机：α6000　镜头：Vario-Tessar T* E 16-70mm F4 ZA OSS　快门速度：1/640s　光圈：F13　ISO：640　焦距：16mm　白平衡：自动　曝光补偿：-0.7EV

▲ 上图拍摄者以广角镜头拍摄，广角镜的特性表现出近大远小的画面空间感。马路中的矮种马车，以及两旁的城堡，表现出当地所特有的民族风情

注意：
1. 在拍摄民俗题材时，应尊重当地的风俗习惯，必要时礼貌良好的沟通是拍摄的前提。
2. 取景时，应纳入当地富有特色的民俗景物，以使画面更具民族风韵。
3. 使用现场光拍摄时，若光线过暗，主体则不易表现，拍摄时可适当使用内置闪光灯或外接闪光灯。

📷 相机：α5000　镜头：E PZ 18-200 F3.5-6.4 OSS
快门速度：1/2500s　光圈：F6.4　ISO：500
焦距：35mm　白平衡：自动　曝光补偿：0EV

▶ 右图拍摄者以平拍的视角表现街头行进的队伍。当地人奇特的饰物、橙黄色调的服装、赤脚行走的行为，具体而形象地表现出当地人的风貌和习俗

街头摄影不是新闻摄影，同时也区别于一般意义上的纪实作品。街拍表现人们在生活中的普通状态，捕捉转瞬即逝的画面，重在表现拍摄者发自内心的感受。城市是拍摄街景的主要场所，特别是闹市区、公园、集会之类的场所，这些地方人流密集，充满变化，非常适合街头摄影，拍摄时可采用盲拍和抓拍。好的街头摄影作品除了要具备一般优秀照片的要素之外，还应具有丰富的环境信息。

相机：α6000 镜头：Vario-Tessar T* E 16-70mm F4 ZA OSS 快门速度：1/100s 光圈：F4 ISO：800 焦距：16mm 白平衡：自动 曝光补偿：0EV

◀ 左图拍摄于巴塞罗那街边，人们正在观看一个小型演出。拍摄者利用广角镜头，以平拍的视角摄入表演者和观众，使画面情节更为具体。画面表现出当地文娱活动的形式

232

注意：
拍摄街景时，可聚焦于平凡的生活场景，捕捉人们或幽默，或温情，或讥讽的生活情节，可得到富有情趣的画面。

相机：α6000 镜头：Vario-Tessar T* E 16-70mm F4 ZA OSS 快门速度：1/60s 光圈：F4 ISO：100 焦距：16mm 白平衡：自动 曝光补偿：0EV

◀ 左图拍摄于人烟稠密的菜市场。拍摄者通过观察，以广角镜头侧面角度纳入整个菜市。菜市为主体，丰富的菜品和买卖双方均得到呈现，表现出市场的繁荣和人民生活的富足

相机：α6000 镜头：Vario-Tessar T* E 16-70mm F4 ZA OSS 快门速度：1/1600s 光圈：F2.8 ISO：320 焦距：16mm 白平衡：自动 曝光补偿：-0.3EV

◀ 左图拍摄者通过低角度近景平拍，突出表现在路边休息的一家人

拍摄璀璨的
夜景

Chapter 12

夜间的景色绚丽多彩，在日落之后，拍摄者可利用月光、星光等自然光或人工光进行拍摄，表现出不同于日间拍摄的景致。夜景拍摄最显著的特征就是光线不充足，因而快门速度会比较慢，因此在拍摄时应尽量使用三脚架和快门线以免相机抖动。在拍摄此图时，拍摄者采用"DRO动态范围优化"功能，相机将影像分为小的区域，对景物的光影对比度进行分析，以得到最理想的亮度和层次效果。画面中，景物在橙色的灯光下，光影层次丰富细腻，令其结构层次得到体现。

机型：α6000　镜头：Vario-Tessar T* E 16-70mm F4 ZA OSS　快门速度：1/8秒
光圈：F4　感光度：800　焦距：16mm　白平衡：自动　曝光补偿：0EV

12.1 城市夜景

当太阳落山后，夜幕降临，城市绚丽的灯光使现代化都市更显繁华。夜景拍摄题材丰富，如发光的建筑、车流、星轨和烟花等。由于夜晚能见度有限，因此相机的曝光设定应根据题材及环境的光照情况灵活设定。在拍摄夜景时，不易使用自动对焦，应采用手动对焦。为避免夜景拍摄的曝光时间过长而引起的手抖，三脚架在拍摄中是必不可少的。

12.1.1 在夜间表现璀璨灯光

在都市的夜晚，璀璨的灯光将夜晚装点得分外迷人。这时我们可将镜头光圈调至最小，使灯光在画面中呈现星芒状。而在夜间使用小光圈拍摄，会使曝光时间变得更长，因而，应将相机固定在三脚架或安放在平台上，以确保影像清晰。

📷 相机：α6000　镜头：E 10-18mm F4 OSS　快门速度：3.2s　光圈：F10　ISO：100　焦距：18mm　白平衡：自动　曝光补偿：0EV

▲ 在拍摄上图时，拍摄者事先将相机固定在三脚架上，拍摄时使用手动模式，将光圈调至F10进行拍摄，得到星芒效果，将夜景画面装点得更加美丽

■ 12.1.2 利用相机的高感光度拍摄夜景

手持拍摄时，为保证画面影像清晰，需要提高曝光时间，以免手持相机引起机震现象。此时设置较高的感光度，在低光照环境下可拍摄出清晰、低噪点的影像。在ISO自动模式下，相机会根据场景在ISO100～ISO3200范围内自动选择合适的ISO设定。在昏暗的室内或以高速快门拍摄时，可手动设置感光度至ISO25600的极值。

📷 相机：NEX-5T 镜头：Vario-Tessar T* E 16-70mm F4 ZA OSS 快门速度：1/30s 光圈：F4.5 ISO：2500 焦距：16mm 白平衡：自动 曝光补偿：+0.7EV

▲ 上图是以NEX-5T相机拍摄的，在拍摄之前，拍摄者将感光度设置为ISO自动，使相机自动从ISO1000～ISO3200范围内根据场景亮度设置感光度，保证了画面曝光合理。从画面表现来看，此图画质优秀，图像清晰，噪点现象不明显

■ 12.1.3 利用手持夜景模式拍摄

采用手持相机拍摄夜景时，建议将场景模式设为"手持夜景"。在此模式下，相机将连续拍摄多张影像，并对合成后的图像进行处理，利于得到噪点较少、图像清晰的画面，在手持相机拍摄夜景时是很有帮助的。

📷 相机：α5000 镜头：18-55mm F3.5-5.6 OSS 快门速度：1/60s 光圈：F10 ISO：500 焦距：20mm 白平衡：自动 曝光补偿：0EV

◀ 左图拍摄者采用手持相机拍摄，为保证图像清晰，拍摄者将场景模式设置为"手持夜景"，在按下快门后，得到一张图像清晰、噪点少的夜景照片

■ 12.1.4 延长曝光时间拍摄车流

在夜晚，行驶的车辆的车灯是夜晚重要的发光体，如果采用长时间曝光的方法拍摄，汽车的影像会因高速行驶而消失，而其车灯行驶的轨迹则会形成一条光轨，被记录在画面中。值得注意的是，由于采用长时间曝光，所以需要使用三脚架固定相机，以免因手抖而致拍摄失败。

相机：α 7S　镜头：E 10-18mm F4 OSS　快门速度：10s　光圈：F22　ISO：100　焦距：16mm　白平衡：自动　曝光补偿：0EV

▼ 在拍摄下图时，拍摄者用三脚架固定相机，以广角镜头纳入大范围场景。拍摄者设置较长的曝光时间，并将光圈调至F22，以免画面曝光过度，并使光轨清晰。长时间曝光，使画面只留下汽车驶过时的光轨，表现出神奇而具动感的效果

12.2 夜景人像

夜晚的光源照射范围小，仅依赖于路灯等人工照明，照度与白天相差甚远，因此用光方法与日光环境不同。在夜晚拍摄人像时，应将被摄者安排在距离光源较近的位置，以使其得到较为充足的照明；并可充分利用闪光灯为夜景人像补光。另外，在夜晚，光点效果更为突出，我们可采用大光圈来虚化远处的光源，使其在画面中形成光斑效果，营造梦幻般的画面氛围。

■ 12.2.1　利用现场光源拍摄人像

在夜晚拍摄人像时，应多方寻找光源，利用现场灯光为人像照明，如发光的建筑物和路灯等。这种光源持续而恒定，照度及发光面积大，是很好的照明光源。在拍摄时，可使被摄者尽可能地靠近光源，以期得到较大面积的照明。

📷 相机：α7R　镜头：Vario-Tessar T* FE 24-70mm F4 ZA OSS
快门速度：1/60s　光圈：F4　ISO：1000　焦距：24mm　白平衡：自动
曝光补偿：0EV

📷 相机：NEX-5T　镜头：Vario-Tessar T* E 16-70mm F4 ZA OSS
快门速度：1/15s　光圈：F4　ISO：400　焦距：17mm　白平衡：自动
曝光补偿：0EV

▲ 上图拍摄者利用建筑外的照明灯为人像照明，使人物受光均匀，其体态、肤质以及服装细节均得到细腻表现。大面积的黄色光源，将画面渲染为明黄色调，表现出夜景的辉煌

▲ 上图是在发光的建筑前面拍摄的，光线明亮且照明强度高，令人像的光色得到如实再现。而稍远的景物由于受光较少，而显得昏暗，从而令人像得到突出

> 注意：
> 在拍摄夜景时，要灵活寻找照明光源，如可利用手机发光和小手电等为人像补光。其次，应以现场光为主光，使人像更为真实自然，表现出临场感。此外，利用现场光拍摄时，会使曝光时间延长，应使模特在按下快门后保持不动一段时间，以免画面模糊。

■ 12.2.2　利用闪光灯和高感光度捕捉动态人像

由于光照不足的原因，在夜间拍摄动态人像时，很容易拍摄到"虚影"人像，导致拍摄失败。这时，可设置较高的感光度，以保证较高的快门速度。还可利用相机的内置闪光灯或外接闪光灯为人像补光，在补光的同时，还应注意平衡人与背景的亮度，使画面亮度更为合理自然。在拍摄时，应与人物保持较远的距离，以减弱闪光灯照明所致的阴影。还可在闪光灯前加装柔光罩，以使光线更为柔和。

安装外接闪光灯的相机

Step 1　露出外接闪光灯的触点。

Step 2　安装于相机闪光灯热靴上。

安装柔光罩的外接闪光灯

📷 相机：α7　镜头：Vario-Tessar T* E 16-70mm F4 ZA OSS　快门速度：1/500s　光圈：F4
ISO：1000　焦距：16mm　白平衡：自动　曝光补偿：0EV

▲ 上图拍摄者在拍摄舞者时，将感光度设为ISO 1000，以保证较高的快门速度，捕捉到动态人物的清晰影像

注意：
在使用外接闪光灯时，尽量避免直接将闪光灯放在热靴上，应将闪光灯远离相机，使其如街灯般照明，令补光效果更为自然

■12.2.3 利用反光板为人物补光

拍摄夜景人像时，多数情况下光线并不能满足拍摄的需求，如光线过硬、光线较暗及光线照射面积较小等情况，这时我们可利用反光板来调整光线的明暗，扩大补光面积，增强光线强度，以缓解光线的不自然感。

金色反光板

📷 相机：α7R 镜头：Vario-Tessar T* FE 24-70mm F4 ZA OSS
快门速度：1/100s 光圈：F4 ISO：1000 焦距：24mm 白平衡：自动
曝光补偿：0EV

◀ 左图，利用夜晚商场的灯光为照明光线，模特背向发光源，拍摄者在人物的左前侧使用大面积的金色反光板为其补光，以免因光线投射而使人物左侧形成大面积阴影，使人像得到均匀而柔和的照明

注意：
1. 由于相机液晶屏的色彩还原很好，而且对画面层次色调的表现也不错。拍摄者可随时确认、检查拍摄的照片。
2. 当手持夜景拍摄时，可设置高感光度，以缩短曝光的时间。

■12.2.4 选择合适的背景营造画面氛围

拍摄夜景人像时，气氛的营造是很重要的，例如，背景的选择会使照片表现更显完美。在挑选背景时，可选择有点状光源的背景，通过设置大光圈使点状光源形成朦胧的光斑效果，表现唯美的画面意境。除此之外，我们还可通过调整相机的白平衡来改变画面色调，达到营造画面氛围的目的。

📷 相机：α7S 镜头：Sonnar T* FE 55mm F1.8 ZA 快门速度：1/40s
光圈：F2 ISO：500 焦距：55mm 白平衡：自动 曝光补偿：0EV

▶ 拍摄右图时，拍摄者设置了较大的光圈，使背景中的光点虚化，形成朦胧的光斑，起到了美化人像并营造画面氛围的作用，表现出夜晚的繁华，使画面更显梦幻迷人

我们日常生活中的景色也同样丰富。拿起手中相机，抓拍生活中的点点滴滴，是一件充满乐趣而有意义的事情。在本章，我们将对静物、花卉、家庭装饰、风格小物及宠物的拍摄方法进行讲解。在拍摄此图时，由于室内空间较小，拍摄者将相机安置在平台上，以超广角镜头拍摄，画面产生了较为强烈的透视变形，使室内一角的装饰布局得到展现。

机型：NEX-7丨镜头：E 10-18mm F4 OSS丨快门速度：1/15秒丨光圈：F5
感光度：1000丨焦距：12mm丨白平衡：自动丨曝光补偿：0EV

生活随拍

Chapter 13

13.1 静物摄影的基本原则

静物摄影是在真实反映被摄体固有特征的基础上，经过创意构思，并结合构图、光线、影调及色彩等摄影手段进行艺术创作，使被摄体表现出艺术美感的摄影过程。静物摄影所包含的题材十分广泛，多以工业、手工制品或自然存在的无生命物体等为拍摄题材。由于静物摄影的被摄体可以完全由拍摄者摆放设计，对于初学者来说，是个很好的练习题材。下面我们将对静物摄影中背景的选择、布光的方法和构图的表现手法等进行讲解。

■ 13.1.1 背景的选择

静物摄影中背景的布置大多以简洁的单色为主，可采用各种织物及卡纸，尽量避免使用反光材质。背景的色彩应视主体的材质及色调进行布置，多采用黑色或白色；也可以采用与主体同色但明度且饱和度不同的色彩，以浅衬深或以深托浅，使画面色调协调、主体突出。

对焦清晰的中部与前后景形成虚实对比，表现出画面的空间层次

📷 机型：NEX-7　镜头：E 35mm F1.8 OSS
快门速度：1/100秒　光圈：F1.8　感光度：100
焦距：35mm　白平衡：自动　曝光补偿：0EV

◀ 左图拍摄者以白色桌面为背景，并配合大光圈，使器皿内的食物得到突出

此外也可通过特定的纹理背景来表现物体的特性。拍摄博物馆中的展品或进行街头抓拍时，背景是固定不变的，这时就需要利用现场环境的布置，通过对光圈的控制来达到简化背景或丰富背景的目的。

📷 机型：NEX-5T　镜头：E 10-18mm F4 OSS
快门速度：1/200秒　光圈：F4　感光度：1600
焦距：10mm　白平衡：自动　曝光补偿：0.3EV

◀ 在拍摄左图时，拍摄者利用大光圈对前方的酒瓶进行对焦，令其形成前实后虚的视觉效果。结合广角镜头的透视效果，表现出事物的层次和立体感

■ 13.1.2　光线的安排

光线在静物摄影中起着表现光影效果、被摄体立体形态、质感及烘托画面气氛的作用。被摄体的材质不同，则适宜使用的光线的光质、光位、照射强度和照射面积都会有所不同。当拍摄表面粗糙的物体时，可利用照射强度大的侧光、侧逆光来表现其质感及立体效果，如拍摄雕塑时。

机型：NEX-7　镜头：E 35mm F1.8 OSS
快门速度：1/2500秒　光圈：F3.5　感光度：200
焦距：35mm　白平衡：自动　曝光补偿：0EV

◀ 左图拍摄者利用前侧光来表现雕像的立体感。在高位直射光的照射下，雕像表面形成强烈的明暗对比，使主体的凹凸结构得到突出表现。较大面积背景的纳入，表现出主体所处环境

表面粗糙的物体及黑色、深色的物体表面反光率低。当物体表面的反光率较低时，称为吸光物体。拍摄时宜使用照射面积大而柔和的光线来照明，可表现主体细腻的质感，并较好地表现出主体的色彩及细节层次。在拍摄食品、书籍和木制品时多采用此种光线。

机型：α7　镜头：Sonnar T* FE 35mm F2.8 ZA　快门速度：1/250秒
光圈：F5.6　感光度：100　焦距：35mm　白平衡：自动　曝光补偿：0EV

▶ 右图，拍摄者利用柔和的侧逆光线，使金属字产生方向明显的阴影，因其受光面明亮，金属质感及立体感均得到体现

在拍摄反光物体时，应避免相机或者拍摄者的影像倒映其上。应选择一个没有反射的角度取景，还可以在硫酸纸制作的柔光箱上挖出一个洞，将镜头伸进去拍摄，这样就可将拍摄者和相机隐藏起来。

小型静物摄影箱

机型：NEX-3N　镜头：E 18-200 mm F3.5-6.3 OSS　快门速度：1/100秒
光圈：F8　感光度：100　焦距：100mm　白平衡：自动　曝光补偿：0EV

▲ 上图，采用俯拍，使银色的桌面成为背景

注意：
1. 由于静物一般较小，拍摄距离较近，在采用顺光时，注意避免拍摄者的阴影投射到主体上。
2. 注意光照强度不宜过大，以免产生较大的明暗反差，不利于主体质感的表现。

■ 13.1.3 质感的表现

光滑的物体表面及白色、浅色的物体表面反光率高，这类表面反光率较高的物体，称为反光物体。因其表面光滑，极易形成耀斑，影响静物形态的表现。为避免此现象，拍摄时宜采用柔和的光线来照明，并利用黑色或白色卡纸来控制被摄体上反光区域的形态。

在大光圈下反光物体表面极易形成光斑

📷 机型：α6000　镜头：Vario-Tessar T* E 16-70mm F4 ZA OSS　快门速度：1/15秒　光圈：F4　感光度：160　焦距：21mm　白平衡：自动　曝光补偿：0EV

◀ 左图中的足球为高反光物体，在强光的照射下，更加闪亮。大光圈的设置，令反光点变大、变圆，进一步突出了足球的质感

透明物体的质感较难表现，大多是酒、水等液体或者是玻璃制品。当采用浅色背景时，可采用光质偏硬的透射光照明，表现其晶莹剔透的质感，并可使用黑色卡纸在透明物体两侧勾勒出轮廓，使其突出于背景；当采用深色背景时，可在其两侧采用柔和的侧光照明，使其两侧产生高亮度反光，利用光的折射来表现被摄体的轮廓。

📷 机型：α6000　镜头：Vario-Tessar T* E 16-70mm F4 ZA OSS　快门速度：1/80秒　光圈：F8　感光度：100　焦距：70mm　白平衡：自动　曝光补偿：0EV

▲ 上图拍摄者采用侧逆光照明拍摄盛有饮品的玻璃杯，令其形成透射。画面表现出杯子的透明质感，并使杯子的轮廓得到突出

📷 机型：NEX-7　镜头：E PZ 18-200mm F3.5-6.3 OSS　快门速度：1/400秒　光圈：F8　感光度：1250　焦距：70mm　白平衡：自动　曝光补偿：+0.3EV

▲ 上图拍摄者采用逆光照明，使杯子的轮廓在黑色背景中更加突显，表现出酒杯的晶莹剔透

■ 13.1.4 构图的技巧

静物摄影的构图方法千万变化，我们应根据被摄体的特点灵活运用。当被摄体的体积较小，而数量较多时，可将其看成一个整体，采用俯拍或平拍以散点构图法来表现；当表现陈设的商品时，可采用水平线构图、垂直线构图和斜线构图，并可适当利用透视法来表现画面的立体空间；当表现单一主体时，则宜采用中央、对称、黄金分割及斜线等构图法。

■ 机型：NEX-6　镜头：E PZ 16-50mm F3.5-
5.6 OSS　快门速度：1/25秒　光圈：F3.5
感光度：640　焦距：24mm　白平衡：自动
曝光补偿：0EV

▶ 右图拍摄者采用斜线构图来表现排列
整齐的字模，表现出被摄体的数量及画
面的空间感。木质的檀色刻板在顶光照
明下，营造出凝重的画面氛围

■ 机型：NEX-5T　镜头：Vario-Tessar T* FE
24-70mm F4　快门速度：1/125秒　光圈：F4
感光度：200　焦距：26mm　白平衡：自动
曝光补偿：0EV

▶ 右图拍摄者利用斜线构图拍摄小商
品，展现出商品整齐的摆放形态及立体
空间。明亮的光线使得瓷器的色彩得到
艳丽的表现

■ 机型：α5000　镜头：Vario-Tessar T* E 16-
70mm F4 ZA OSS　快门速度：1/800秒　光圈：F4
感光度：400　焦距：60mm　白平衡：自动
曝光补偿：0EV

▶ 右图拍摄者在拍摄微小且数量众多的
花生时，采用了散点构图。在近距离的
拍摄下，使画面呈现近大远小的效果，
主次分明，并表现出食品的质感

机型：α7　镜头：Sonnar T* FE 35mm F2.8 ZA　快门速度：1/80秒　光圈：F4.5　感光度：640　焦距：35mm　白平衡：自动　曝光补偿：-0.3EV

◀ 左图，拍摄者采用35mm镜头近距离以中央构图平拍怀表，使其在画面中得到突出表现。大光圈下使暗褐色的背景虚化，突出手表的高档和古老

机型：α7　镜头：Sonnar T* FE 35mm F2.8 ZA　快门速度：1/50秒　光圈：F3.5　感光度：400　焦距：20mm　白平衡：自动　曝光补偿：-0.3EV

◀ 左图拍摄者利用三分法构图来安排球和球衣的位置。球在纵向三分线上，而球衣占据了画面下部三分之一的位置，与奖牌共同构成了框架。画面构图简洁，主体皮球得到突出

中央对焦点

机型：α7R　镜头：Sonnar T* FE 35mm F2.8 ZA　快门速度：1/200秒　光圈：F2.8　感光度：400　焦距：35mm　白平衡：自动　曝光补偿：0EV

▲ 上图拍摄者以斜线来拍摄众多小玩偶，配合大光圈下清晰的对焦，仅使画面中央的玩偶突出，而将其余虚化，以表现玩偶数量的众多。虽然背景得到虚化，但可辨的景物仍交代出拍摄环境

注意：
1. 应视主体的大小确定拍摄距离，以突出画面主体为重。
2. 充分利用光线，设置恰当的白平衡以调整画面色调，营造意境。
3. 纳入画面的色彩宜少不宜多。

246

■ 13.1.5 美食的拍摄

在表现美食时，应表现出美食的色、香、味。通过美食外在的形态，利用色彩、用光来表现出美食或嫩滑或爽口的质感，因此在用光和用色方面要更为独到。一般而言，食品的布光要均匀，以免出现过大的明暗反差。可使用光质稍硬的柔光来表现质感粗糙的食品。

对焦点

机型：α7R 镜头：Sonnar T* FE 35mm F2.8 ZA
快门速度：1/3200秒 光圈：F1.8 感光度：320
焦距：35mm 白平衡：自动 曝光补偿：0EV

▶ 在拍摄右图时，采用照射面积大而柔和的两个斜侧高位光源拍摄，避免出现浓重的阴影。在广角镜头近距离俯拍下，菜肴表现出整体感；斜线构图令近景主体突出，使画面更显立体

机型：α6000 镜头：E 35mm F1.8 OSS
快门速度：1/2000秒 光圈：F1.8 感光度：320
焦距：35mm 白平衡：自动 曝光补偿：0EV

▶ 在拍摄右图时，拍摄者采用具有方向感的窗光，表现出食物的立体感和质感

如果要表现食物的柔滑质感，应使用极软的柔光来表现。如果光线条件有限，可利用窗光或通过墙面的反光作为主光；另外，还可通过设置相机的闪光补偿来调节内置闪光灯的闪光量，以使画面光影更为柔和。

机型：NEX-5T　镜头：E PZ 16-50mm F3.5-5.6 OSS　快门速度：1/13秒　光圈：F5.6　感光度：640　焦距：48mm　白平衡：自动　曝光补偿：0EV

◀ 在拍摄左图时，由于室内光线较暗，拍摄者使用高感光度来保证画面亮度。在柔和的窗光下，食物的色彩和质感得到表现。拍摄者采用俯拍，将主体安排在画面的左上角，令其得到突出表现

在餐具的选择上，应以简洁为主，不宜过于花哨，以免喧宾夺主。需要注意的是，很多食品在室内常温下放置一段时间后，在色泽、质感上就会出现劣化，因而拍摄者需要事先做好拍摄准备，快速完成拍摄。

248

机型：NEX-7　镜头：E 35mm F1.8 OSS　快门速度：1/1000秒　光圈：F2　感光度：320　焦距：35mm　白平衡：自动　曝光补偿：0EV

▲ 在柔和而明亮的光线下，上图液状食物的清透质感得到表现。白色的瓷质器皿在大光圈的虚化作用下，与白色背景融为一体，使液汁突出；而用白汤匙舀汤的动作进一步加强了液汁的质感表现。黑色的背景使主体更为突出

13.2 花卉摄影技巧

花卉摄影题材丰富。花卉在春、夏、秋季最为繁盛，是拍摄的好时机。由于花卉美丽且题材易寻，拍摄者众多，要得到独具美感的画面效果，就需要拍摄者对花卉多观察，多了解，力争使摄影作品摆脱平庸，使其独具特色。下面，我们就来了解一下拍摄花卉时的一些注意事项及拍摄方法。

■ 13.2.1 微距镜头和长焦镜头是拍花利器

花卉摄影主要应注意以下几个方面：镜头的选择、时机的把握及合理的构图。首先来谈一下镜头。由于花卉一般体形较小，宜选择长焦镜头或者微距镜头，以细腻地表现其质感。

机型：α7 镜头：E 18-200mm F3.5-6.3 OSS
快门速度：1/100秒 光圈：F5.6 感光度：640
焦距：135mm 白平衡：自动 曝光补偿：0EV

▶ 右图拍摄者采用长焦镜头近距离拍摄，细腻地表现出花瓣细节。长焦镜头所形成的浅景深效果，使主体得到突出表现

机型：α6000 镜头：E 30mm F3.5 微距 快门速度：1/400秒 光圈：F8 感光度：100 焦距：30mm 白平衡：自动 曝光补偿：0EV

▲ 上图拍摄者采用微距镜头近距离拍摄，以细小的花蕊为主体，使花蕊对焦清晰。在微距镜头下，虽然光圈设置为F8，花瓣依然被虚化，并结合中央构图，使花蕊得到突出体现。花朵在微距镜头下，呈现出平时我们用肉眼看不到的细腻形态，表现出微观世界之美

■ 13.2.2 季节对花卉摄影的影响

时机的把握对花卉摄影也是非常重要的。我们可从花期、季节及时段这些方面来考虑。花的种类不同，开花的季节也各有规律，所谓春桃、夏荷、秋菊和冬梅。因而在拍摄时要考虑花的季节性，以表现花卉的独特品质。

📷 机型：NEX-5T　镜头：E 18-200mm F3.5-6.3 OSS　快门速度：1/200秒
光圈：F8　感光度：100　焦距：60mm　白平衡：自动　曝光补偿：0EV

📷 机型：α5000　镜头：E 18-200mm F3.5-6.3 OSS　快门速度：1/50秒
光圈：F4　感光度：200　焦距：92mm　白平衡：自动　曝光补偿：0EV

▲ 上图为春季拍摄的樱花，春季光线柔和，能够表现花朵的娇嫩质感。此季节的花卉多以樱花、桃花、梨花为主，其花形较小，成簇开放，且花开先于抽叶，因而可摄入大面积密集的花朵，以表现春日的繁花似锦之美

▲ 秋季光照柔和，是适宜拍摄花卉的季节。上图表现了秋季之菊，在此季节花卉已不常见，菊花是秋季的代表性花卉。菊花的品种丰富多样，应根据其形态采用与之相应的构图

注意：
在拍摄多朵小型花卉时，可采用多重自动对焦，提高拍摄速度。

📷 机型：α6000　镜头：E 18-200mm F3.5-6.3 OSS
快门速度：1/800秒　光圈：F8　感光度：200
焦距：135mm　白平衡：自动　曝光补偿：0EV

◀ 左图为夏季所摄，荷花在夏季盛开，是很具有季节代表性的花卉。由于夏季光线充足，光照强烈，宜在早晚光线较为柔和时拍摄。荷花叶多而花稀，因而可采用红绿对比及虚实相生的拍摄手法

▉ 13.2.3 清晨和傍晚的光线适宜拍摄花卉

由于花卉摄影多在户外进行，因此户外光线的照射情况也应是考虑的重点。一般来讲，早晚光线角度低，光质柔和，能够较好地表现花卉的色彩及质感。在清晨时分，花卉显得充满生机，此时拍摄能够表现出花卉的清新淡雅之美。而傍晚时的色温较低，可使画面更具情调。

▉ 机型：α7 镜头：E 18-200mm F3.5-6.3 OSS
快门速度：1/250秒 光圈：F6.3 感光度：200
焦距：200mm 白平衡：自动 曝光补偿：0EV

▶ 右图是在清晨拍摄的，此时光线为柔和的斜射光线。由于前一晚刚下完雨，在晴朗早晨，空气湿润而清新，花瓣沾满露珠。在侧逆光下，露珠晶莹剔透，表现出花的水嫩质感

▉ 机型：NEX-5T 镜头：E 18-200mm F3.5-
6.3 OSS 快门速度：1/1000秒 光圈：F6.3
感光度：800 焦距：135mm 白平衡：自动
曝光补偿：0EV

▶ 右图是在傍晚前拍摄的，此时光线柔和，照射角度较低。拍摄者采用斜侧光拍摄，使花瓣的色彩及明暗层次得到细腻表现

■ 13.2.4 灵活利用从上午到下午的光线

上、下午时，光线具有明显的方向
性，光质较柔和且照射时间长，因此
是很好的拍摄时机。而在中午，拍
摄者可利用顶光来表现向上开放的
花卉，有利于表现花卉的色彩。除
此之外，也可利用光线对花朵形成
透射来表现花卉半透明的质感。

📷 机型: NEX-5T 镜头: E PZ 18-105mm F4 G
OSS 快门速度: 1/2000秒 光圈: F4 感光度: 200
焦距: 60mm 白平衡: 自动 曝光补偿: 0EV

▶ 右图拍摄于上午，此时光照角度低，
光线柔和而均匀。花的光色得到如实再
现。大光圈的虚化作用使背景形成一片
嫩绿，使粉白花朵得到突出

📷 机型: NEX-7 镜头: Sonnar T* E 24mm F1.8 ZA
快门速度: 1/250秒 光圈: F3.2 感光度: 200
焦距: 24mm 白平衡: 自动 曝光补偿: 0EV

◀ 左图是在下午拍摄的，由于此时为多
云天气，光照十分柔和，绣球花的层次
和色彩得到细腻表现。红黄相间的花朵
在虚化的暗绿背景前很是突出

对焦点

📷 机型: NEX-5T 镜头: E 50mm F1.8 OSS
快门速度: 1/100秒 光圈: F3.5 感光度: 100
焦距: 50mm 白平衡: 自动 曝光补偿: 0EV

▶ 右图是在正午拍摄的，此时光线明
亮，照射强度大，使花朵顶部受光，而
底部较暗，表现出花的立体感

■ 13.2.5　根据主体特点构图

花卉摄影的构图应多利用花朵、绿叶自身的色彩，形成红绿对比，以较大面积的绿色来衬托红花，使主体花朵突出；也可利用花朵正面的形态，采用放射状构图；还可利用斜线构图或V字形构图来表现花卉向上生长之势，以突出植物的勃勃生机；在拍摄时，宜采用黄金分割、九宫格及中央构图法来表现主体位置；当背景过于繁杂时，则应设置较大光圈来虚化和简洁背景，以虚实对比来达到突出主体的目的。

📷 机型：α7S　镜头：Vario-Tessar T* FE 24-70mm F4 ZA OSS
快门速度：1/400秒　光圈：F6.3
感光度：100　焦距：60mm
白平衡：自动　曝光补偿：0EV

▶ 右图拍摄者采用俯拍，以虚实对比来表现牡丹花丛。画面上密下疏，制造出紧张感和节奏感

📷 机型：α6000　镜头：E 55-210mm F4.5-6.3 OSS　快门速度：1/2000秒　光圈：F6.3　感光度：100
焦距：120mm　白平衡：自动　曝光补偿：0EV

▲ 上图拍摄者以斜线构图来表现花枝，大光圈令画面近实远虚，在表现空间感的同时，表现出花的繁密

📷 机型：α5000　镜头：E 18-200mm F3.5-6.3 OSS
快门速度：1/100秒　光圈：F6.3　感光度：200
焦距：190mm　白平衡：自动　曝光补偿：+1EV

▲ 上图拍摄者以中央构图来安排主体的位置，红绿、虚实对比令主体突出

注意：
在构图时，应尽量避免将主体安排在画面中央，以免画面呆板、不自然。可结合黄金分割构图来安排主体的位置。如果使用中央构图，则需充分利用枝叶、背景和光线等因素来协调画面，有破有立，冲破画面的呆板感。

在表现单株花开时，应多采用虚实、明暗对比、中央构图或对称构图，以使主体突出；当表现花丛时，则可采用俯拍和散点构图，表现花的繁茂。

📷 机型：NEX-5T　镜头：E 18-200mm F3.5-6.3 OSS　快门速度：1/125秒
光圈：F5.6　感光度：100　焦距：135mm　白平衡：自动　曝光补偿：0EV

▲ 上图拍摄者将点、线相结合，以九宫格构图将星形花安排在画面的右下交点上。画面虚实结合，生动别致

📷 机型：NEX-6　镜头：E 18-200mm F3.5-6.3 OSS　快门速度：1/1250秒
光圈：F5.6　感光度：200　焦距：112mm　白平衡：自动　曝光补偿：0EV

▲ 上图拍摄者以散点构图来表现数量众多的小朵雏菊，块面的分布使画面条理清晰，主次分明

在拍摄花开时，还可适当纳入昆虫及露珠，以表现画面的灵动之美。利用微距镜头可捕捉到昆虫清晰的影像，虽然越近，主体影像越大，但是为不惊扰到昆虫，应掌握好拍摄距离，可在稍远的位置使用长焦镜头抓拍。

📷 机型：α5000　镜头：E 18-55mm F3.5-5.6 OSS　快门速度：1/100秒
光圈：F11　感光度：100　焦距：135mm　白平衡：自动　曝光补偿：0EV

▲ 上图拍摄者以长焦镜头近距离拍摄红蜻蜓。拍摄者将蜻蜓与荷叶的交点安排在画面的黄金分割点上，在使主体突出的同时，画面视觉效果也非常协调

📷 机型：NEX-6　镜头：E 30mm F3.5 微距　快门速度：1/60秒　光圈：F3.5
感光度：100　焦距：30mm　白平衡：自动　曝光补偿：0EV

▲ 在微距镜头的表现下，上图拍摄者将清晨中挂满露珠的白梅清晰呈现，利用斜线构图延展画面空间

13.3 家庭装饰拍摄技巧

精致的家居摆设、温馨浪漫的室内小景，是我们日常生活中的一部分且随时可拍摄，是表现个人生活态度、体现个人品位的好题材。拍摄家庭装饰时，应着重考虑器材、用光、用色及创意表现等，可从家具、墙面、地毯及整体效果等方面来表现。拍摄时要事先规划拍摄内容，做好拍摄计划，整体和局部都要照顾到。要求表现建筑美学，捕捉光影变化中的瞬间美，把立体空间表现在平面照片中。

■13.3.1 器材的选用

在拍摄家居装饰场景时，由于室内空间小，如果要表现整体空间，可采用广角镜头来表现室内的空间感；而如果只拍摄一些局部装饰，则可使用标准镜头。由于室内光线一般较暗，可使用三脚架固定相机，以免出现机震现象。

📷 机型：α7 镜头：Vario-Tessar T* FE 24-70mm F4 ZA OSS 快门速度：1/200秒 光圈：F6.3 感光度：640 焦距：50mm 白平衡：自动 曝光补偿：0EV

▶ 右图拍摄者以标准镜头表现室内局部，使室内富有特色的景致得到突出表现

📷 机型：NEX-7 镜头：E 10-18mm F4 OSS 快门速度：1/15秒 光圈：F4.5 感光度：1000 焦距：12mm 白平衡：自动 曝光补偿：0EV

▲ 上图拍摄者在表现室内空间时，以广角镜头拍摄，使画面产生较大的透视变形，表现出室内空间的宽敞

■ 13.3.2　实际拍摄中的操作

由于室内基本以人工光为主，光线的色温会导致室内陈设的色彩出现偏色，因而应对白平衡进行校正，或根据现场灯光类型选择相机内与之相符的白平衡预设。如果想要表现家的温馨，则可设置较高的色温值，以使画面偏暖。

📷 机型：α7R　镜头：E 10-18mm F4 OSS　快门速度：1/10秒　光圈：F4.8
感光度：640　焦距：13mm　白平衡：自动　曝光补偿：0EV

▲ 上图拍摄者通过将白平衡设置为"荧光灯：日光白色"，使画面光色表现正常

📷 机型：NEX-7　镜头：E 10-18mm F4 OSS　快门速度：1/25秒　光圈：F6.3
感光度：500　焦距：14mm　白平衡：自定义　曝光补偿：0EV

▲ 由于上图浴室以黑白二色为主，拍摄者在现场对白平衡进行校正，表现出浴室的洁净，将白色的墙壁表现为白色

除了室内灯光，窗光亦是室内拍摄的主要光源之一。拍摄时间最好选择在早晚，避开中午太阳最强烈的时候，还可通过窗户纳入窗外景色，以使室内外兼顾，真实再现景色。在光线条件较暗时，如果想要表现清晰的家居陈设，则需要设置较小的光圈，并设置较高的感光度，以提高画面亮度；如果想要表现居室内的小摆设，则大可设置大光圈，以营造唯美温馨的画面氛围。

📷 机型：NEX-7　镜头：E PZ 16-50mm F3.5-5.6 OSS　快门速度：1/320秒
光圈：F8　感光度：500　焦距：19mm　白平衡：自动　曝光补偿：0EV

▲ 上图是利用窗光拍摄的，傍晚斜射光线照入室内，光线柔和。此时室内较暗，拍摄者设置感光度至ISO500，保证了画面亮度

📷 机型：α7S　镜头：Sonnar T* FE 35mm F2.8 ZA　快门速度：1/100秒
光圈：F2.8　感光度：200　焦距：35mm　白平衡：自动　曝光补偿：0EV

▲ 上图拍摄者以大光圈表现床边的鸡蛋花，使其突出，以此表现出室内的温馨整洁

> 注意：
> 1. 在室内拍摄时，如果设置高感光度，画面很容易产生大量噪点。
> 2. 如果室内光线较暗，则应使用三脚架固定相机，以确保画面清晰。

13.4 拍摄唯美风格小物

所谓风格小物，是指以塑料、织物、玉石等不同材质用艺术的手法制作的礼品、家居用品及日用品，是人们用来装点生活、营造温馨浪漫的氛围及陶冶情操的小物件。风格小物其实同样属于静物，在拍摄时，可利用其使画面显得唯美，表现被摄体的个性、艺术气息及民族、民俗风味。

机型：α6000　镜头：E 35mm F1.8 OSS
快门速度：1/125秒　光圈：F2.8　感光度：500
焦距：35mm　白平衡：自动　曝光补偿：0EV

▶ 右图拍摄者利用现场柔和的光线使木质玩偶的质感得到细腻表现。近距离取景，使主体占满整个画面，得到突出。柔和的光线表现出主体细腻的质感，而大光圈的设置则使其突显于虚化的背景

机型：α6000　镜头：Vario-Tessar T* E 16-70mm F4 ZA OSS　快门速度：1/50秒　光圈：F4
感光度：400　焦距：19mm　白平衡：自动
曝光补偿：0EV

▶ 右图拍摄者以斜线构图来安排密集排列的球类商品，表现出画面的空间感。现场光线下，闪闪发亮的足球表现出商品的崭新

机型：α7　镜头：Vario-Tessar T* FE 24-70mm F4 ZA OSS　快门速度：1/25秒　光圈：F4
感光度：400　焦距：40mm　白平衡：自动
曝光补偿：0EV

▶ 右图拍摄者利用柔和的灯光在主体稍高位以近距离照明，营造出温馨而浪漫的氛围。通过房间门牌上的婚戒，喻意新婚及新房

13.5 拍摄可爱宠物

宠物活泼可爱，与我们朝夕相处，用相机来记录与宠物在一起的时光是非常有乐趣的。然而，由于宠物活泼好动，不会摆好姿势等我们来拍，这就要求拍摄者熟练掌握相机操作，在拍摄时具备机动灵活的应变能力，能够根据实际情况快速采取相应的拍摄措施，以保证较高的拍摄成功率。本节将对拍摄宠物时的准备工作、相机设定、光线的把握等环节做介绍。

■ 13.5.1 必要的准备工作

要拍好宠物，首先要了解其习性，如小猫在夜晚最精神，线团是它们喜爱的玩具；小狗虽然喜欢到处玩，但是若将其带入陌生的环境，则会显得胆怯，不会配合拍照。在拍摄前，应事先准备宠物爱吃的食物及玩具，这些都是诱导宠物配合拍摄的关键。其次，由于拍摄位置不固定，应选择中长焦变焦镜头，以应对随时变化的拍摄距离。

📷 机型：α7 镜头：Vario-Tessar T* FE 24-70mm F4 ZA OSSE
快门速度：1/125秒 光圈：F4 感光度：400 焦距：30mm 白平衡：自动
曝光补偿：0EV

▶ 在拍摄右图时，拍摄者事先选择好拍摄场地，并利用玩具吸引小猫的注意，使拍摄更为顺利。在自然环境中，宠物的状态会更为放松，很容易得到自然生动的画面

另外，拍摄场地的选择也很重要。一般应选择在绿色草地上或室内拍摄，以获得自然而简洁的背景。在外出拍摄时，应选择清晨或傍晚光线角度低的时候，此时的光线会使宠物的毛发染上一圈金边，非常好看。

注意：
应尽量避免使用闪光灯。闪光灯不仅容易造成红眼，而且容易惊吓到宠物，并对宠物的眼睛造成伤害。拍摄时应采用自然光及恒定光源。

📷 机型：NEX-5T 镜头：E PZ 16-50mm F3.5-5.6 OSS 快门速度：1/100秒 光圈：F5.6 感光度：400 焦距：50mm 白平衡：自动 曝光补偿：0EV

◀ 对于幼小的宠物来讲，其睡眠时间较多，因此，拍摄者事先为小狗准备好睡觉的地方，并清理其周围杂物，得到构图简洁、主体突出的照片

■13.5.2 捕捉宠物玩耍时的清晰影像

宠物活泼好动，因此拍摄者可采用快门优先或高速连拍模式进行抓拍，设置高速快门来捕捉其可爱的瞬间画面。对焦模式则应根据拍摄需要采用"多重"或"自由点"自动对焦区域。值得注意的是，拍摄者应准备高速大容量的存储卡以应对高速连拍及存储。

◀ 在拍摄左图时，拍摄者利用广角镜头，以高速快门捕捉到牧羊犬在田野中玩耍的瞬间画面。为了使对焦快速准确，将"相位检测区域"功能开启，结合多重对焦，令相机快速而准确地对焦于动态主体，保证了拍摄的成功

📷 机型：α7 镜头：E 10-18mm F4 OSS 快门速度：1/4000秒 光圈：F4 感光度：400 焦距：16mm 白平衡：自动 曝光补偿：0EV

■13.5.3 活用构图表现宠物

由于宠物机敏好动，拍摄者在构图时应机动灵活，不必拘泥于形式。当表现单一的主体时，可利用天空、地面、树木的枝叶等与动物密不可分的环境来衬托主体，使画面更显生动自然。可将主体看成是一个点或一条线，利用点线面来构图。多数情况下，拍摄者应在主体头部前方留下较多空间，使画面协调而不局促。当表现多个主体时，则应将其视为一个整体，视具体情况以动静、多少等对比手法来表现。

📷 机型：α6000 镜头：E 18-200mm F3.5-6.3 OSS LE 快门速度：1/500秒 光圈：F8 感光度：320 焦距：113mm 白平衡：自动 曝光补偿：+0.3EV

◀ 在拍摄左图时，拍摄者利用黄金分割构图，将小猫的眼睛安排在画面的黄金分割点上，并以"S自由点"对其精确对焦，表现出其专注的神态

注意：
1. 在拍摄时，应将宠物安排在可掌控的范围内，如草坪、地板之类的地方，而不能在马路或陌生的环境中拍摄。
2. 拍摄地点决定着照片的背景，起着控制画面色调、营造氛围的作用，因此在拍摄前应事先想好照片的表现再确定拍摄地点。

■ 13.5.4 利用侧光和逆光表现毛茸茸的宠物

要表现宠物的皮毛质感，最好利用逆光或侧光拍摄。逆光有利于勾勒被摄体的轮廓和线条，呈现出空间感，使宠物毛发呈现出一圈金边。但是由于逆光下宠物正面往往暗影较重，最好使用反光板等工具适度补光。如果采用侧光拍摄，则宠物受光面光亮，毛发质感也容易表现出来。

反光板

机型：α6000 镜头：E 18-200mm F3.5-6.3 OSS LE
快门速度：1/125秒 光圈：F4.5 感光度：125
焦距：78mm 白平衡：自动 曝光补偿：0EV

◀ 在拍摄左图时，拍摄者以逆光照明，将毛茸茸的小猫轮廓勾勒出来。为避免小猫影像过暗，拍摄者使用金色反光板在镜头前方补光，使其形态得到完整表现，画面自然而生动

260

为了使宠物的皮毛色泽看上去更加鲜亮自然，拍摄时应注意曝光补偿的控制，根据白加黑减原则，应对颜色较浅的宠物增加曝光补偿，而对颜色较深的宠物减少曝光补偿。

机型：α6000 镜头：E 18-200mm F3.5-6.3 OSS LE 快门速度：1/400秒 光圈：F8
感光度：320 焦距：69mm 白平衡：自动
曝光补偿：+0.3EV

◀ 左图拍摄于清晨，低角度的斜射阳光形成侧光照明，细腻地表现出小兔毛茸茸的皮毛。拍摄者利用低机位平拍，使其正面神态得到细致表现。由于小兔为白色，可设置正曝光补偿还原其毛色

注意：
由于在多数情况下，被摄体的位置会不断变化，光线也并非总是如我们所愿，又由于拍摄动物多采用中长焦镜头，镜头的进光量相比于其他镜头较少，在较暗的光线条件下，会影响快门速度的发挥，这时，我们可将光圈调大或设置较高的感光度，以保证高速快门的实施。当面对单一主体或背景较为杂乱的情况时，我们也可通过设置较大的光圈虚化背景，突出动物毛发，表现其蓬松质感。

动态影像的
拍摄

Chapter 14

索尼微单系列相机具有非常强大的动态影像拍摄功能，其拍摄方法与拍摄静态照片的方法基本相同，能够综合利用相机的拍摄功能，使短片录制更为灵活。在本章，我们将对动态影像的录制方法及Picture Memories Home软件管理和编辑动态影像的操作进行介绍。此图是利用Picture Memories Home软件在编辑视频时所截，并通过后期裁切得到的，画面生动传神。在视频编辑时有效利用Picture Memories Home的"保存帧"功能可轻松得到精彩的动态画面。

机型：NEX-6 镜头：E 50mm F1.8 OSS 快门速度：1/200秒 光圈：F2.2
感光度：320 焦距：50mm 白平衡：自动 曝光补偿：0EV

14.1 拍摄前的设置决定动态影像的表现

使用索尼微单相机拍摄动态影像的方法与拍摄静态影像的方法及步骤大体一致，也需要在拍摄之前先对相机参数进行设置，以确定拍摄效果。下面我们就来了解一下实际的拍摄流程。

■14.1.1 根据需要设置文件格式和记录设置

在拍摄动态影像之前，应先设置"文件格式"项目，之后对"记录设置"项目进行设定，右图以表格形式对各选项进行说明。

选 项	说 明
AVCHD 60i/60p AVCHD 50i/50p	以AVCHD格式录制60i/50i、24p/25p、60p/50p动态影像。适用于在高清电视机上观看，可使用相机随附的PMB软件制作光盘 60i/50i动态影像分别以60场/秒或50场/秒拍摄 24p/25p动态影像分别以24场/秒或25场/秒拍摄 60p/50p动态影像分别以60场/秒或50场/秒拍摄
MP4	录制mp4（AVC）动态影像。此格式适用于网络上传、电子邮件附件等 动态影像以约30帧/秒的速度以MPEG-4格式拍摄 以此格式拍摄的动态影像无法使用相机随附的PMB软件制作光盘

NEX-5T的设置方法

Step 1 在菜单设置界面中，选择"影像尺寸"菜单。

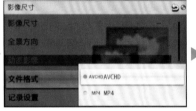

Step 2 在"影像尺寸"项目中，选择"文件格式"项目，并选择相应选项。

Step 3 在"记录设置"项目，选择相应选项。

α5000/α6000/α7/α7R/α7S的设置方法

Step 1 在"拍摄设置"1界面中，选择"文件格式"项目。

Step 2 在"文件格式"项目中，选择相应选项。

Step 3 在"拍摄设置"2界面中，选择"记录设置"项目。

Step 4 在"记录设置"项目，选择相应选项。

需要指出的是，由于文件格式有AVCHD格式和MP4格式两种，所以在"记录设置"中的可选择项目是不同的。

设置"文件格式"为AVCHD格式时，"记录设置"中可设置的项目

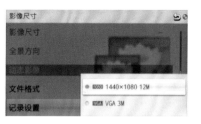

设置"文件格式"为MP4格式时，"记录设置"中可设置的项目

下面列表对各项文件设置的影像尺寸、帧速率和影像质量进行说明。

文件格式	选　项	平均比特率	记　录
AVCHD 60i/60p AVCHD 50i/50p	60i 24M(FX) 50i 24M(FX)	24 Mbps	1920×1080(60i/50i)高影像质量
	60i 17M(FH) 50i 17M(FH)	17 Mbps	1920×1080(60i/50i)标准影像质量
	60i 28M(PS) 50i 28M(PS)	28 Mbps	1920×1080（60p/50p）最高影像质量
	24i 24M(FX) 24i 24M(FX)	24 Mbps	1920×1080（24p/25p）高影像质量，表现出如影院般的氛围
	24p 17M(FH) 24p 17M(FH)	17 Mbps	1920×1080（24p/25p）标准影像质量，表现出如影院般的氛围
MP4	1440×1080 12M	12 Mbps	1440×1080
	VGA 3M	3 Mbps	VGA尺寸

263

注意：
文件格式共有两种，分别为AVCHD和MP4，其中，AVCHD的兼容设备分为两种，60i和50i，要查看相机是1080 60i还是1080 50i，可查看相机底部的标记。标记为1080 60i的兼容设备为60i，标记为1080 50i的兼容设备为50i。

相机底部标记

在录影界面顶部显示记录设置

注意：
由于相机使用mpeg-4/H.264 High Profile进行AVCHD格式和MP4格式记录短片，因此以MP4格式记录的动态影像只能在支持MPEG-4 AVC/H.264的设备上播放。

■14.1.2 "新文件夹"有利于视频文件的存储

如果拍摄者将要拍摄同一主题的动态影像，可在拍摄前先新建一个文件夹，将要拍摄的视频全部存放于此文件夹，以便以后集中管理。要执行此操作，选择"新文件夹"选项即可。相机将会在存储卡中创建一个文件夹，影像会记录在新创建的文件夹中，直到创建另一个文件夹或选择其他文件夹为止。新创建的文件夹编号比当前使用的最大编号大一个数字。

NEX-5T的设置方法

Step 1 在菜单设置界面中，选择"设置"菜单。

Step 2 在"设置"菜单中选择"新文件夹"选项。

Step 3 新文件夹被创建。

α5000/α6000/α7/α7R/α7S的设置方法

Step 1 在"设置"5界面中，选择"新文件夹"项目。

Step 2 单击"确定"完成创建。

> 注意：
> 1. 用于静态影像的文件夹和用于具有相同编号的动态影像的文件夹将会同时创建。
> 2. 将用于其他设备的存储卡插入相机并在拍摄影像时，会自动创建一个新文件夹。
> 3. 在用于静态影像或用于动态影像的文件夹中最多可以相同编号分别存储总计4000个影像。超出文件夹容量时，会自动创建一个新文件夹。

■ 14.1.3 动态影像录音设置对于视频的录制至关重要

在拍摄动态影像时，声音的表现也是很重要的。如果视频中不需要声音，可将相机"设置"菜单中的"动态影像录音"选项设为"关"，以免将镜头和相机工作时发出的声音也录制下来。下面将分步对各选项进行说明。

NEX-5T的设置方法

Step 1 在"设置"菜单中选择"动态影像录音"选项。

Step 2 对"动态影像录音"选项进行设置。

将"动态影像录音"选项设置为"关"时，将显示框内所示图标。

α5000/α6000/α7/α7R/α7S的设置方法

选项	说明
开	录制声音（立体声）
关	不录制声音

Step 1 选择"录音"项目。

Step 2 对"录音"进行设置。

■14.1.4 "减少风噪声"适用于风大的拍摄环境

在录制动态影像时，如果录制环境中有较大的风，为了避免风声较大而影响录制效果，可将"设置"菜单中的"减少风噪声"选项设置为"开"，以降低风声对动态影像的影响。如果现场中风声并不是很大，则应将此选项设置为"关"，以免导致正常声音的录制音量变低。

选 项	说 明
开	减少风噪声
关	不减少风噪声

NEX-5T的设置方法

Step 1 在"设置"菜单中选择"减少风噪声"选项。

Step 2 根据需要对"减少风噪声"选项进行设置。

α5000/α6000/α7/α7R/α7S的设置方法

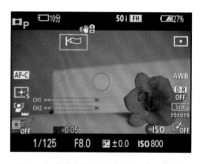

Step 1 在"拍摄设置"7菜单中，选择"减少风噪声"项目。

Step 2 对"减少风噪声"项目进行设置。

Step 3 "减少风噪声"设置为"开"时，将显示框内所示图标。

14.2 拍摄时的操作应随机应变

拍摄前的操作设置完成后，就可以进行动态影像拍摄了，拍摄者需要灵活掌握拍摄中的操作。在本节，我们将通过实际的操作来讲解从曝光模式的选择到对焦、白平衡以及曝光参数的设置方法。

■14.2.1 第一步：设置好相机各项参数

使用索尼微单相机拍摄短片时，除了可在自动模式和场景模式下，由相机自动设置相机外，还可在P、A、S、M模式下，由拍摄者自己设置相机的各项参数，以表达创作意图或弥补现场光线环境条件的不足。

在拍摄之前设置好各项参数

在P、A、S、M模式下，可以直接使用拍摄静止影像时的设定值。可使用的项目包括：ISO、白平衡模式、创意风格、曝光补偿、对焦区域、测光模式、人脸检测、锁定AF、动态范围优化、镜头补偿和照片效果。因此，我们可在拍摄动态影像之前，将这些项目设置好。

设置照相模式

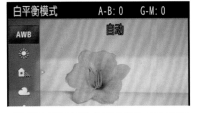

设置白平衡模式

设置测光模式

选择显示模式

在录制短片期间，还可以通过反复点按控制拨轮上的DISP按钮，改变显示屏的液晶模式，选择所需的显示模式。

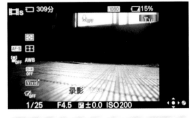

按DISP按钮：图形显示

DISP按钮

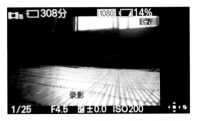

按DISP按钮：显示全部信息

按DISP按钮：大字体显示

按DISP按钮：无显示信息

注意：
1. 在拍摄动态影像的过程中，拍摄者还可通过调整镜头焦距来改变取景范围。
2. 拍摄动态影像时，拍摄者还可配合支架VCT=55LH连接麦克风、闪光灯或者夹式监视器CHM-V55来操作，让视频拍摄更为方便自如。

■14.2.2 第二步：在拍摄中设置各项参数

当按下MOVIE按钮后，相机将开始录制动态影像，在此阶段同样可进行拍摄参数的设置。

在拍摄过程中改变参数设置

当设置完各项参数后，按下MOVIE按钮即可开始拍摄。在P、A、S、M模式下，可在拍摄动态影像期间，改变快门速度或光圈值。可改变的项目有：ISO、曝光补偿、锁定AF和对焦区域的设置。

改变快门速度

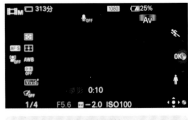

改变光圈值

改变曝光补偿

改变感光度

改变对焦位置

在拍摄过程中自动对焦和结束动态影像录制

在录制短片期间，如果使用E卡口系列镜头，可通过半按快门按钮进行自动对焦，其对焦区域为拍摄之前所设定的自动对焦区域。要想结束动态影像的录制，只需再次按下MOVIE按钮。相机就会将动态影像存储。

录制时半按快门按钮将进行自动对焦   按下MOVIE按钮，结束录制   存储动态影像

14.3 动态影像的回放

当动态影像录制完成后，我们可通过按下相机的回放按钮对当前视频进行回放。除此之外，还可通过"播放"菜单中的"观看模式"选项选择查看已拍摄视频的方式。下面对动态影像的回放操作进行详细说明。

通过回放按钮查看动态影像

Step 1 按下回放按钮。   Step 2 显示录制画面，按下控制拨轮中央按钮。   Step 3 开始回放动态影像。

通过"观看模式"项查看影像

Step 1 在"播放"1菜单中选择"观看模式"。   Step 2 在"观看模式"选项中选择查看的文件类型。   Step 3 选择动态影像。

在回放期间，可设置音量以及暂停、快退、快进等操作

设置音量   暂停   快进

14.4 动态影像的删除

删除动态影像的方法有两种，一种是利用"播放"菜单中的"删除"选项将影像删除；另一种方法是在播放动态影像期间，通过点按软键B删除动态影像，具体操作请参照以下图示。

利用"播放"菜单中的"删除"选项删除影像

"删除"选项（NEX-5T）

"删除"选项（α5000/α6000/α7/α7R/α7S）

选　项	说　明
多个影像	删除所选影像，按控制拨轮中央按钮即可
文件夹内全部 所有AVCHD视窗文件	删除选定文件夹中的所有影像，或所有AVCHD视窗动态影像
	删除选项说明

在播放期间删除动态影像：NEX-5T的设置方法

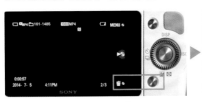

Step 1　按下软键B。

Step 2　弹出问询对话框，按下控制拨轮中央按钮确定删除。

Step 3　正在删除影像。

α5000/α6000/α7/α7R/α7S的设置方法

Step 1　在播放界面，按下删除按钮。

Step 2　弹出问询对话框，按下控制拨轮中央按钮确定删除。

Step 3　正在删除影像。

> 注意：
> 在相机中删除视频文件时要慎重，否则会造成无法挽回的损失，因此若担心自己会误删，建议在拍摄后第一时间将其设置为"保护"。

14.5 利用Picture Memories Home管理编辑影像

Picture Memories Home可以将拍摄的影像导入到电脑中观看，是一款影像管理编辑软件。通过它的日历式或标签式等多种文件管理模式，拍摄者可方便地找到目标文件并进行编辑。此外，人脸搜索、视频剪裁与网络上传等功能可使拍摄者轻松实现对影像的查找、编辑和分享。

■14.5.1 智能检索，灵活管理

Picture Memories Home软件拥有检索功能，自带"日历视图"和"搜索"模式，拍摄者可以方便地找到目标文件并进行编辑。

日历视图使视频查找更准确

日历视图会按照拍摄日期列出视频或照片缩略图，单击相应的日期和时间，即可找到所需视频或照片。

Step 1 打开该软件后的初始界面。

Step 2 执行"视图＞年视图"命令。

Step 3 "年视图"操作界面。

Step 4 单击月份，缩略图的日期表为这一天的拍摄记录，单击即可对视图文件进行查看。

Step 5 单击日期，对应所选日期的视图文件就会按拍摄时间以缩略图显示。

Step 6 滚动左边视图列表，即可预览其他视图文件。

搜索功能方便文件的查找

当查找照片时，可通过"搜索"功能来查找文件。执行"编辑＞搜索"命令即可调出"搜索"对话框。此选项共有4项可供搜索：标签、分级、位置信息和文件类型。便于拍摄者查找视频和照片，快速搜索到需要编辑或上传的视频。

Step 1 执行"编辑＞搜索"命令。

Step 2 弹出"搜索"对话框。

在每一选项之下，均有项目可供选择，用户可根据需求进行设置。

标签

位置信息

文件类型

Step 1 所有符合选定项目的文件将被显示。

Step 2 双击缩略图，将显示当前所选文件。

■14.5.2 利用"编辑工具"处理图像

Picture Memories Home软件中具有针对图像的编辑工具，在单张图像显示时，单击界面右下角的"显示编辑工具"即可打开"编辑工具"。编辑工具包括：防红眼闪光、裁剪图像、插入日期、自动校正、亮度、饱和度、色调曲线和锐化。下面，我们就来简要介绍一下其操作方法。

Step 1 以单张图像显示时，滚动左边视图列表，即可选择其他视图文件，操作简便。单击右下角的"显示编辑工具"。

Step 2 右侧显示编辑工具。单击某一功能，即可使用该功能来编辑图像。

Step 3 在此我们选择的是"色调曲线"，此选项被打开，调整完毕后，单击下方的"确定"或"取消"即可。

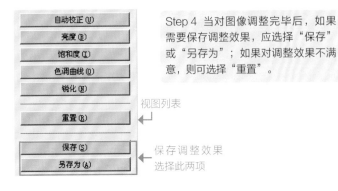

Step 4 当对图像调整完毕后，如果需要保存调整效果，应选择"保存"或"另存为"；如果对调整效果不满意，则可选择"重置"。

注意：
也可通过"操纵 > 编辑"命令来选择图像或视频文件，对其进行编辑。

■14.5.3 视频剪辑提取使视频更完美

Picture Memories Home软件拥有视频编辑功能，拍摄者无需专业技术即可对视频进行剪辑、合并、格式转换，还可随意截取画面。下面我们就来详细介绍编辑视频的流程。

简易的视频剪辑操作

在拍摄完视频后，拍摄者可通过Picture Memories Home软件的"修整视频"功能剪辑视频，操作只有几步，非常简单，即使是初学者也能很快掌握。下面我们就来学习如何进行视频剪辑。

Step 1 选择需要的视频。

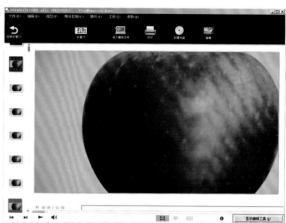

Step 2 打开视频，单击"暂停"按钮，暂停播放。单击右下角的"显示编辑工具"按钮。

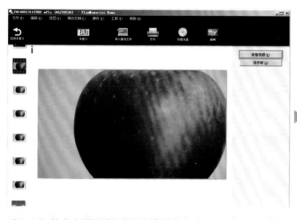

Step 3 单击右侧的"修整视频"按钮。

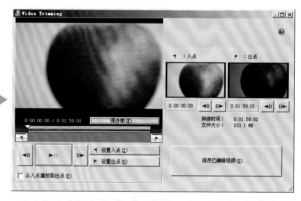

Step 4 单击"播放/暂停"按钮，播放视频，寻找初始位置。

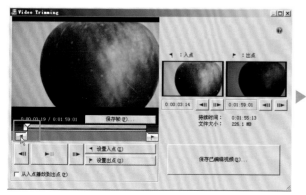

Step 5 单击"播放/暂停"按钮，暂停视频，移动"入点"图标至进度滑杆停止的位置，设置"入点"。

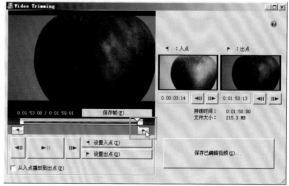

Step 6 用同样的方法设置出点。

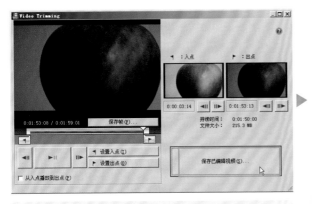

Step 8 弹出"保存视频"对话框，输入文件名，选择好文件类型后，单击"保存"按钮。

Step 7 单击"保存已编辑视频"按钮，对视频进行保存。

Step 9 弹出"正在保存"进度条。

Step 10 保存完毕后，弹出"图片已保存"对话框，单击"确定"按钮。至此，视频存储完毕。

"保存帧"方便保存瞬间动态画面

在使用Picture Memories Home软件编辑视频时，通过"保存帧"功能，可在预览或编辑视频时提取动态影像中的视频帧，并保存为静态图像。用户可轻松截取自己喜欢的视频片段，操作方便，可使视频编辑充满乐趣。

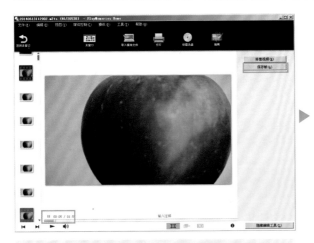

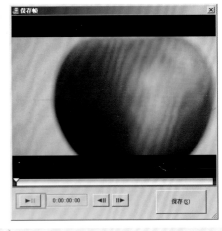

Step 1 打开视频，单击"暂停"按钮，暂停播放。单击右侧的"保存帧"按钮。

Step 2 弹出"保存帧"设置界面，单击"播放/暂停"按钮，在播放的视频中，寻找要截取的静态图像帧。

Step 3 找到静态图像帧，暂停播放，单击"保存"按钮，进行保存。

注意：
1. 若要创建AVCHD光盘，请使用Picture Memories Home软件转换以"记录设置"中的60p 28M (PS)/50p 28M (PS)/60i 24M (FX)/50i 24M (FX)/24p 24M (FX)/25p 24M (FX)设置录制的动态影像。此转换可能需要较长时间。
2. 无法制作具有与原始影像同样质量的光盘。如果要保持原始影像质量，必须在Blu-ray Disc中存储动态影像。
3. 要在电视上观看60p/50p或24p/25p动态影像，电视需要兼容60p/50p或24p/25p。如果使用不兼容的电视，可将动态影像转换为60i/50i并在电视上输出。